仿生建筑设计丛书

植物与当代建筑设计

亚历杭德罗·巴哈蒙
［西］ 帕特里夏·普雷兹 著
阿历克斯·坎佩略

王茹 贾颖颖 陈林 译

中国建筑工业出版社

著作权合同登记图字：01-2009-5245号

图书在版编目（CIP）数据

植物与当代建筑设计／（西）亚历杭德罗·巴哈蒙，（西）帕特里夏·普雷兹，（西）阿历克斯·坎佩略著；王茹，贾颖颖，陈林译．—北京：中国建筑工业出版社，2019.6

（仿生建筑设计丛书）

书名原文：Vegetal Architecture

ISBN 978-7-112-23607-7

Ⅰ．①植… Ⅱ．①亚… ②帕…③阿… ④王… ⑤贾… ⑥陈…Ⅲ．①工程仿生学－应用－建筑设计－研究 Ⅳ．①TU2

中国版本图书馆CIP数据核字（2019）第069663号

Original Spanish title：Analogies: Vegetal Architecture

Text：A.Bahamón, P. Pérez, A.Campello

Graphic design: Soti Mas-Bagà

本书由西班牙 Parramón 出版社授权翻译出版

责任编辑：姚丹宁

责任校对：王　烨

仿生建筑设计丛书

植物与当代建筑设计

［西］亚历杭德罗·巴哈蒙　帕特里夏·普雷兹　阿历克斯·坎佩略　著

王茹　贾颖颖　陈林　译

*

中国建筑工业出版社出版、发行（北京海淀三里河路9号）

各地新华书店、建筑书店经销

北京锋尚制版有限公司制版

天津图文方嘉印刷有限公司印刷

*

开本：889×1194毫米　1/20　印张：9⅗　字数：134千字

2019年8月第一版　2019年8月第一次印刷

定价：98.00元

ISBN 978-7-112-23607-7

（33883）

目录

前言

帕特里夏·普雷兹（Patricia Pérez）

除了推理以外，对自然的观察和实验长期以来一直是设计建筑形式的极有价值的方法。从乡土建筑到著名建筑师的作品，自然形式一直被重新诠释和应用于建筑设计领域。而最常见的类比往往是那些通过形态和空间形式起到特定效果的类比。本书的主要目的是揭示当代建筑和植物世界之间，由于适应的过程而存在的类比。根据植物与周围空间及环境的关系，对植物元素的多样性、形式、结构和生理特征进行分析，将其适应和生存的方法与在建筑上的反映进行比较。

植物物种的进化是适应的保证

正如查尔斯·达尔文在他1859年出版的《物种起源》一书中所论证的那样，只有那些最能适应环境的生命才能承受住持续的生存挑战。在植物世界里，组织逻辑严密而高效，自然选择的过程阻止了任何无效的生存。因此，我们发现植物即使彼此相距很远，也会创造出非常相似的适应过程也就不足为奇了。适应，使它们优化了对资源的使用。根据实证主义观点，我们可以断言，没有比几个世纪以来的进化更好的实验室了，也没有比自然环境下反映出来的适应性更高效的了。今天，对自然结构的研究和重新诠释，将再一次成为提升新建筑设计水平的工具。西班牙建筑师高迪曾用一个词来概括他的理念——“原创就是回归原点”。这里的“原点”，也可以理解为自然。

植物和当代建筑的类比

建筑与植物之间最明显的类比例子就是树。树是植物世界里最常见的，而高层建筑则是建筑中的常见类型。这个类比在于这两种类型都具有明显的垂直性和地基的元素。在流行语中，“混凝土森林”经常被用来代指大城市。在这个词里含有一个特定的有关植物的信息（即森林：一个茂密的植物群），根据它所处的环境再加上“混凝土”这个词。建筑独特的高度感和垂直感，使“森林”一词在描述这一景观时显得合情合理。当分析树与柱的关系、更确切地说是树的主干时，这个类比就更清楚了。一般来说，植物的茎，尤其是树干，往往呈圆锥形，这是由于它们随着高度的增加而逐渐变细所造成的。而柱是一种垂直而细长的建筑元素，用来支撑结构同时又有装饰的目的。通常情况下，虽然它的周长是随着高度的增加而减小的，但截面是圆形的。同样，流行语“圆柱森林”，经常被用来形容科尔多瓦的大清真寺，或伊斯坦布尔的巴西利卡教堂。这也再次说明了森林和柱列之间存在着形式和功能上的类比。从功能上看，源于同一种构造语言的是树干可以像柱子支撑建筑物一样支撑枝干。同样，还有更多的例子可以证明建筑和植物之间存在着无可辩驳的相似。

静态、能效的斗争和竞争：建筑和植物共同的首要条件

虽然建筑和植物之间的差异似乎比它们可类比的内容更多、更丰富。但是这些可以把它们放在一起的类比恰恰是本书的基础。建筑是固定的结构，由各种构造元素构成，是为人们提供各种活动的有意义的空间。而植物是由发芽、生长、繁殖和死亡组成的生命体。然而，大多数出色的植物和建筑都有一个极为重要的特点，即用一个结构固定、静态不可移动的系统，来满足基本需求。它们的状态是明确的，要保持这种状态，会进化出非常精妙的固定系统和构造机制。因此，这种静态是让我们不必借助抽象或者诗意的联想，就可以将植物和建筑进行直接比较的一个基本条件。而另一个基本条件，同样也是第一条的结果，就是对能效的斗争。作为被囚禁在固定位置上的“囚犯”，植

物和建筑都有充分利用现有资源的必要性。这通常会被转译成一系列类似的方式来争夺阳光和空间，保护自己不受生物和非生物因素的影响。或者是汲取、储存或者是放弃一些必要的规则去实现它们的功能。总而言之，这种类比是在静态下不同适应形式的类比。

最后，值得一提的是建筑和植物共有的竞争现象。群的聚集是植物和建筑最常见的表现形式。像个体一样，植物群落和城市、村庄及社区都有结构，都是可以进行比较的。正如我们在这里所说的，建筑学中的都市主义和生态学中的植物社会，都是可以为地球上不同形式的共生共存，提供平行解读的学科。本书探讨的若干主题是关于个体植物或建筑之间相互作用的策略，以及它们抵抗环境变化的能力。为了解读不同建筑和植物适应性之间的关系，下面每一章都会有一篇严谨简洁的文字概括一下植物学中与之相关的理论。另外，也有一些植物的插图生动地说明建筑和植物之间一些最显而易见的类比。

本书分为以下章节：

光和空间
水的控制
温度控制
极端条件
防御
同源性

希望这些有意或无意地将植物的策略纳入到设计中的建筑案例，和植物学上的解释，可以成为我们回归到依据对自然界（特别是植物）的观察来寻找建筑解决方案的启示。而植物恰恰是生命生存最显见的代表。最终目的是能激发创造出新的、可持续的和高能效的建筑形式。

向阳性　　　　趋光性　　　　冠层树

光和空间

绝大多数的光合植物通过光合作用合成所需养料，光合作用是光转化成为化学能的过程。

向阳性 | 这一现象实际上存在于所有的高等植物中，在这个生长过程中，阳光的方向是一个决定性的因素，它使植物通过转向或扭转来向着光源生长。根据这个现象，当环境中的光发生改变时，植物就能够改变其正常的生长方向。

趋光性 | 一些植物不仅可以向着光生长，而且还有全天都能移动的能力，在阳光的照射下调整自己的方向，以利于光线的摄入。最典型的一个例子就是向日葵，它的特点是叶子和花能活动，保持在白天与太阳光线的垂直。在整个进化过程中，除了使其生长高于地面或趋向阳光之外，这种植物还必须进化出许多机能和其他植物竞争阳光。虽然调整自己的生物钟来适应太阳和其他植物，是许多植物共同的适应策略，然而这里对阳光的争夺，扮演了使植物从阴暗走向光明的生存空间的重要角色。

树木 | 许多植物争夺起阳光来，要归功于它们多年生的寿命，可以长得特别高，以及用形状各异的叶子来捕获阳光。这些高度超过16英尺（5米），长着粗壮的树干，在相对较高的位置还有分枝的木本植物通常被定义为树。它们的树干或主干呈圆柱形，除了必要的传导汁液和积累营养储备外，还构成了植物的轴心。从结构的角度来看，它也是主要的支撑元素，除了本身的生长因素外，还可以让这些树远高于其他植物以利于争夺阳光。

附生植物　　寄生或半寄生植物　　攀缘植物

冠层树 | 在热带雨林地区，丰富的植被几乎阻碍了所有的阳光到达地面。雨林的下层植被为了获取阳光而进行的斗争是激烈的。绝大多数植物的叶子都生长在相同的高度避免彼此制造阴影。在这片栖息地中发现的一种最高的物种就是悬垂球花豆木，它长出了高于周围植物的树冠，形成了热带雨林特有的天际线。

附生植物 | 热带雨林常见的附生植物，为了获取必要的阳光而依附在其他植物的树干、树枝或其叶子上。它的主要特点是不需要从土壤中获取水分和矿物质。例如依靠腐殖质（译者注：腐烂的枯枝残叶或动物排泄物）的积累，作为水分养分的来源，桔梗蕨的无菌叶子便能从树皮的空洞中生长出来。

寄生或半寄生植物 | 寄生或半寄生植物依附在其他植物上这点与附生植物非常相似，但它不需或只需部分地进行光合作用来获得养分。例如槲寄生（槲寄生属）这种半寄生植物，生长并以树木为食，它有一种吸盘能够刺破树皮寄生在树皮里。

攀缘植物 | 对比附生植物一开始就依附在树木上，攀缘植物为了保证获取足够的阳光则扎根于地下，通过消耗少量的能量来生存。由于没有大型的树干，它们可以快速地从阴暗处长出来，攀爬上其他植物、墙壁或岩石。而这些则需要一个非常有效的固定系统才能使之依附在支撑物上。例如，英国常青藤（常春藤属）就拥有极细的、从茎上生长出来的气生根，把它们牢牢地固定在攀爬的表面上。

树木

在东京大都会区，许多地块的大小、形状或位置都具有鲜明的独特性。历史上各种现象的结果是使之成为世界上建筑类型最多样化的大都市之一。旧城的布局体现了日本传统精神，这里有1923年地震和第二次世界大战的后续影响，更重要的是20世纪下半叶经济的复苏，创造了这个拥有超过3300万居民城市的独特景观。特点之一就是在复杂的城市机理中，插入各种各样的小型建筑，最大限度地利用有限的交通和日照条件。这类建筑创造了建筑类型中独特的一支，即利用极小尺度的场地，而这在任何其他城市环境中是极不合理的。如幸运水滴项目，基地前宽10英尺（3.2米），进深95英尺（29米），后面宽28英寸（70厘米）。此外，按规定要求四周对相邻地块还要退让20英寸（50厘米）。为了设计这个独栋住宅，让它满足最佳居住条件并且解决这些复杂的因素，建筑师与业主还有建造者进行了密切地协作，探索所有技术的可能性。

总平面图

客户： 年轻夫妇
项目类型： 独立住宅
地点： 日本，东京
总建筑面积： 646平方英尺（60平方米）
竣工时间： 2005年
摄影： 麦考特·尤士达（Makoto Yoshida）

日本，东京

幸运水滴

泰库托工作室（Atelier Tekut），池田正弘（Masahiro Ikeda）

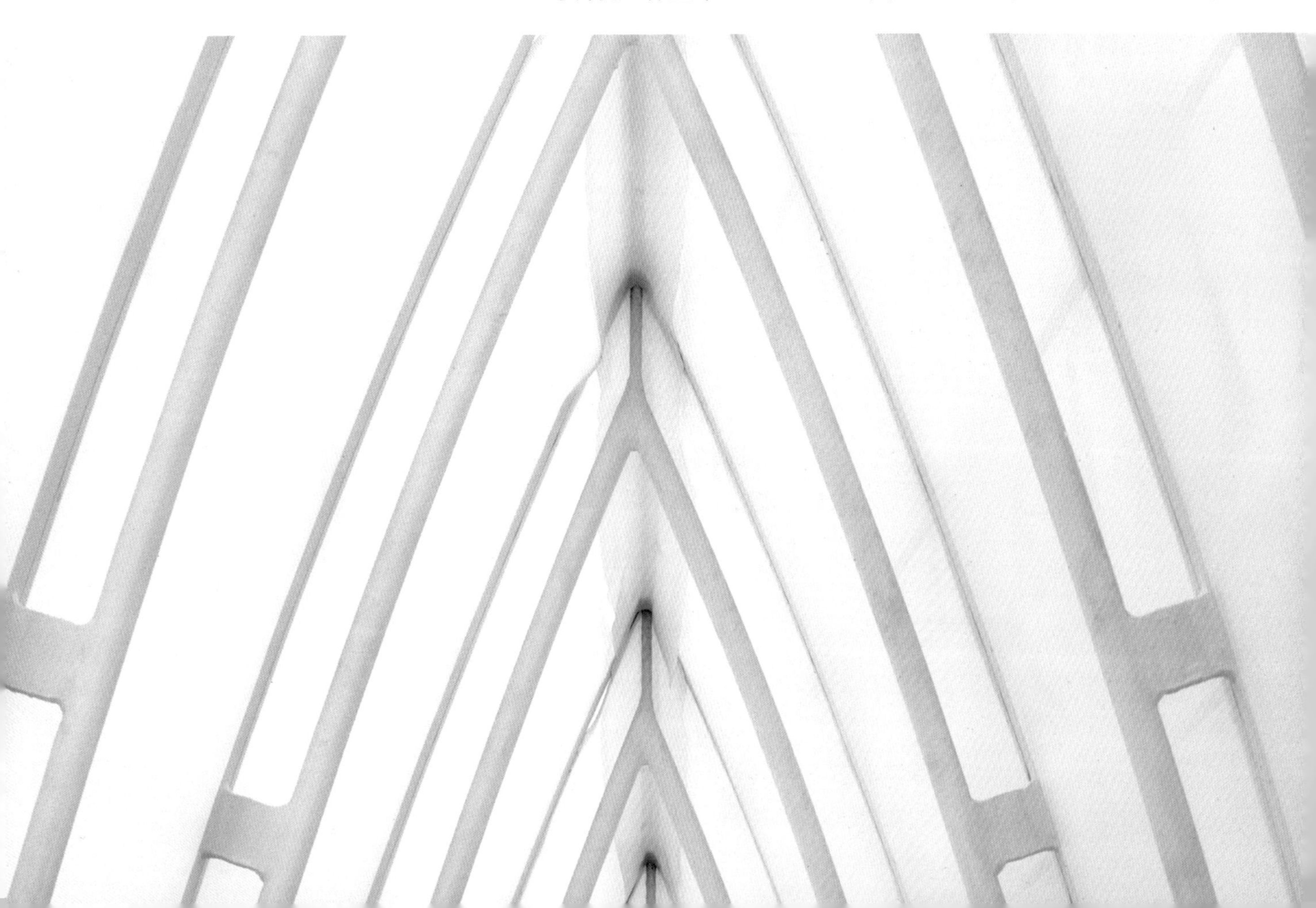

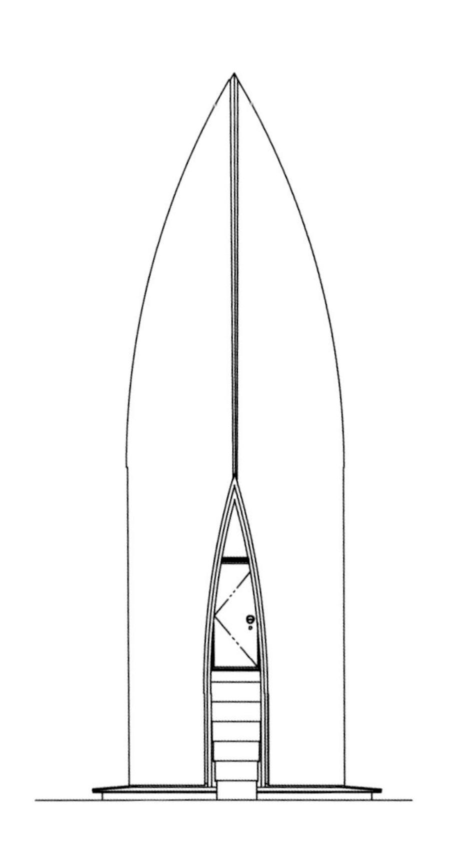

背立面

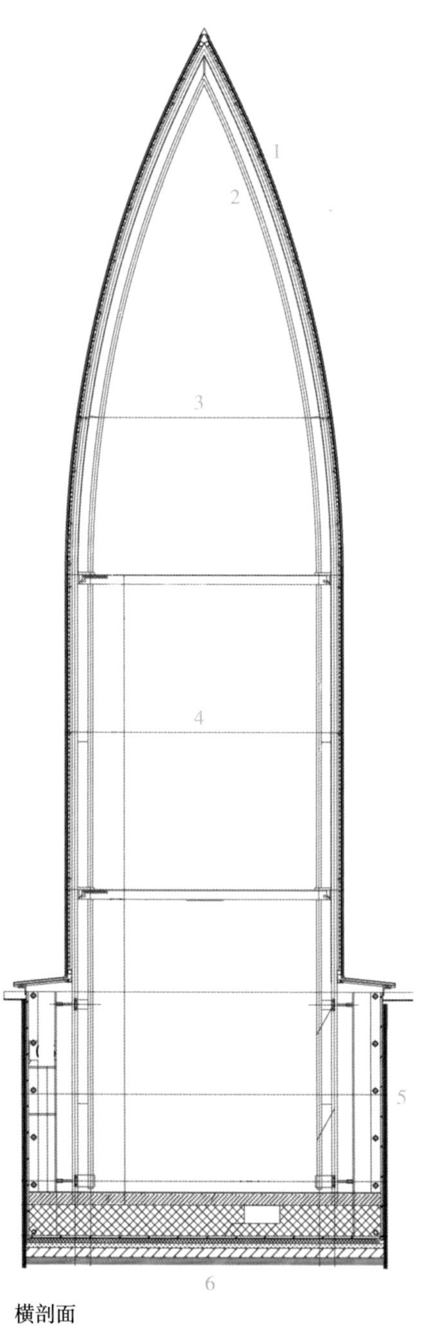

横剖面

1–防水外墙
2–防火外墙
3–加固梁
4–入口夹层
5–钢板
6–混凝土板

该住宅的主要设计策略是创造一个既满足于室内自然采光，同时又保护居住者隐私的建筑表皮。建筑的横剖面展示了满足了这些功能的外围护结构：一个可以让自然光线进入整个室内空间的透明外表皮。考虑到任何地下结构都可以免于退让20英尺（50厘米）的规定，所以所有的居住部分都被放置在地下一层。设计师选择了由1/3英尺（8毫米）的涂有防腐蚀、绝缘和防水涂层的厚钢板组成的镶板系统，而不是采用加固厚混凝土墙的传统基础系统。这个做法不仅可以减少整个结构的花费，还获得了额外20英尺（50厘米）的室内空间。

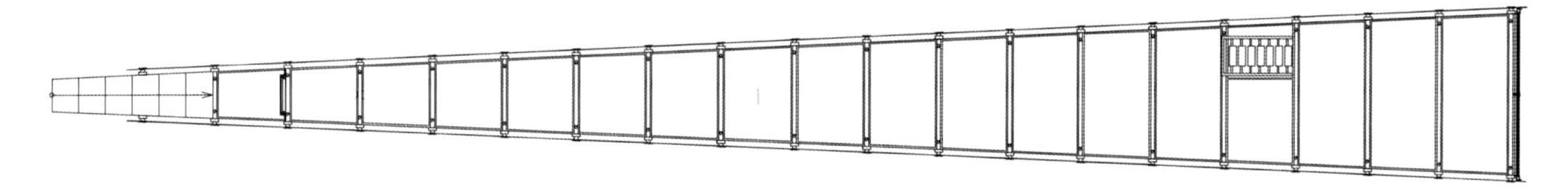

上层平面图

1–结构平台和游乐区

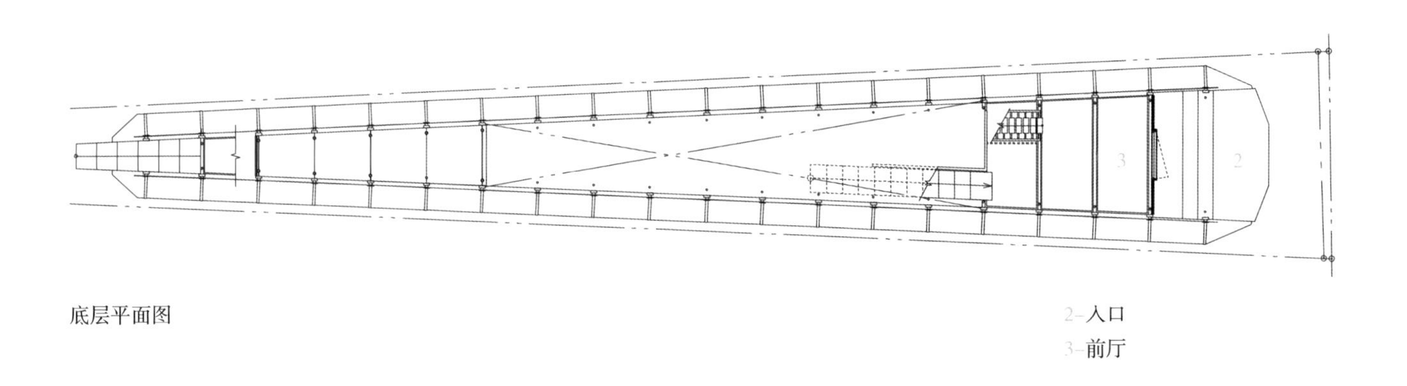

底层平面图

2–入口

3–前厅

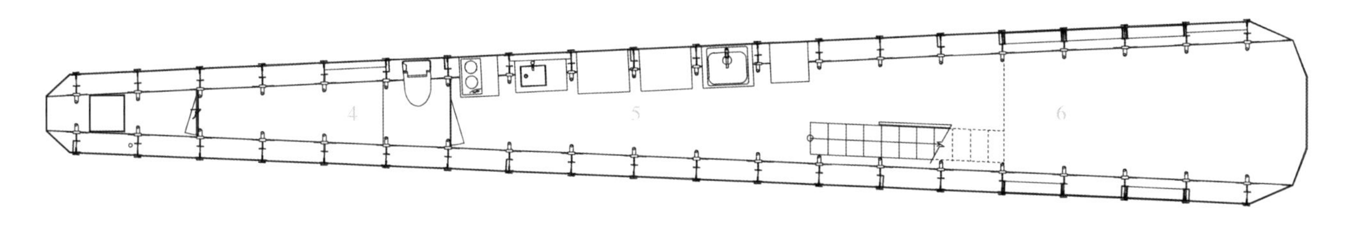

地下室平面图

4–招待室

5–厨房

6–起居/睡眠区

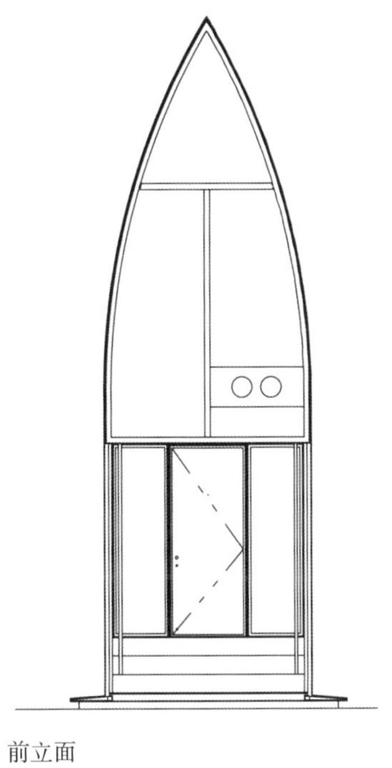

前立面

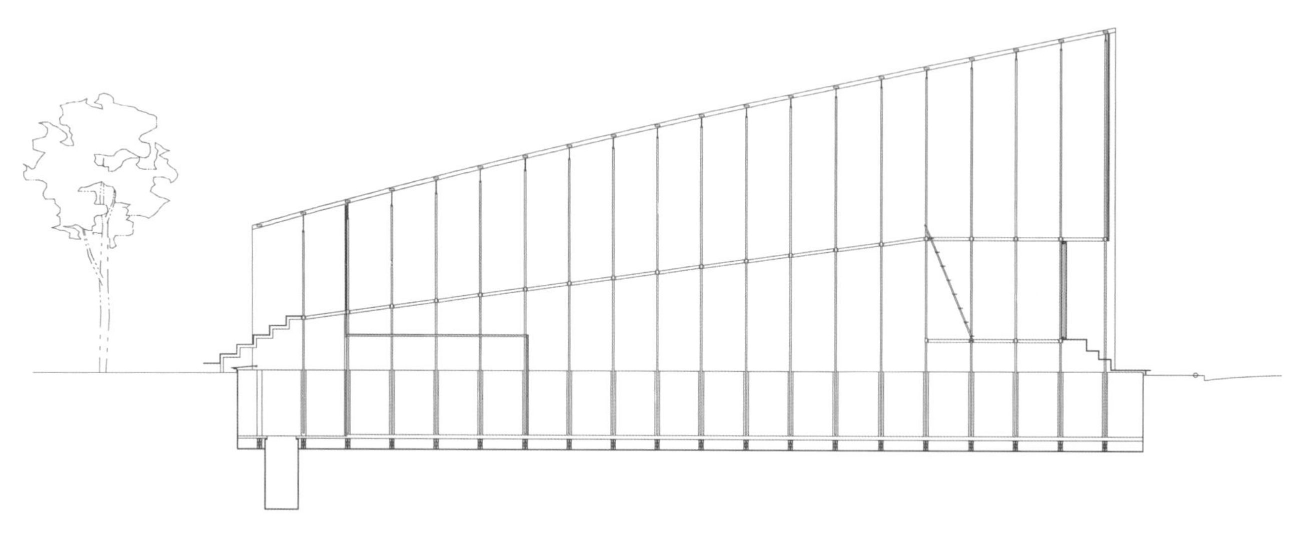

纵剖面

建筑依据场地所允许的形状与尺寸，创造出一个从前到后逐渐变窄的室内环境。三角形的平面虽然缩小了比例，但是强调出了透视感和进深感。由于结构的要求外观上的斜板形成了拱顶，室内空间中形成了一条长长的平台。这块斜板除了结构上的作用外，还将空间转化为一个舒适且有活力的空间，孔状的金属薄板可以让光线进入室内空间中更低的位置。这个设计的名字是幸运水滴，是对日本一句流传非常广的一句名言的转译：赞美物尽其用的美德。

冠层树

夏普设计中心是由政府设立的，目的是扩建和改进安大略艺术设计学院的设施。这个学院是个全国知名的机构，学生人数一直在不断地增加。该设计中心位于多伦多西部的金融区，周围环绕着大学建筑、交通干道和历史悠久的格兰杰公园Grange Park（位于市中心的一处绿色地带）。尽管历史上该设计中心一直不断地进行扩建，但它仍然没有足够的教室和展览空间来满足目前学生们的需求。

新的扩建项目选择校园主楼南侧的一个老露天停车场。建筑师团队采用了一个大胆的策略，就是在离地面85英尺（26米）的地方，抬高一个两层的建筑体块。这个方案，除了保证强大的视觉冲击之外，还能将原来的停车场整合到城市肌理中，从而可以在校园与格兰杰公园之间产生一种联系。这种激进的、非传统的、乐观的，甚至有些不敬的建筑风格，展示出了该设计在高密度城市环境中创造高品质空间的多重建筑设计策略。

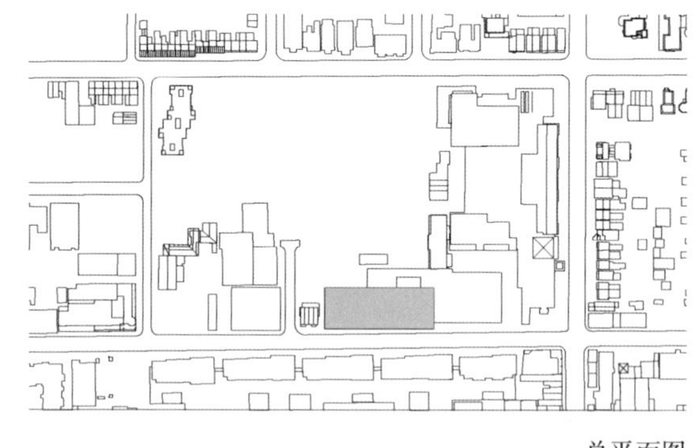
总平面图

客户：安大略艺术与设计学院

项目类型：大学建筑

地点：加拿大，安大略，多伦多

总建筑面积：66898平方英尺（6215平方米）

竣工时间：2004年

摄影：汤姆·阿本（Tom Arban），理查德·约翰逊（Richard Johnson）

加拿大，安大略，多伦多

夏普设计中心

阿尔索普建筑师事务所（Alsop Architects）

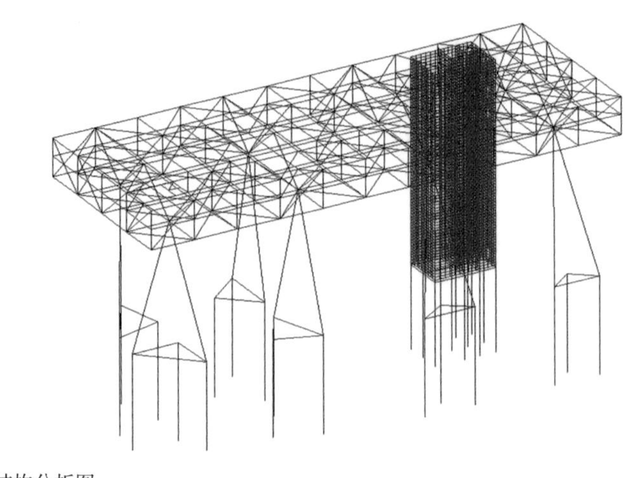

结构分析图

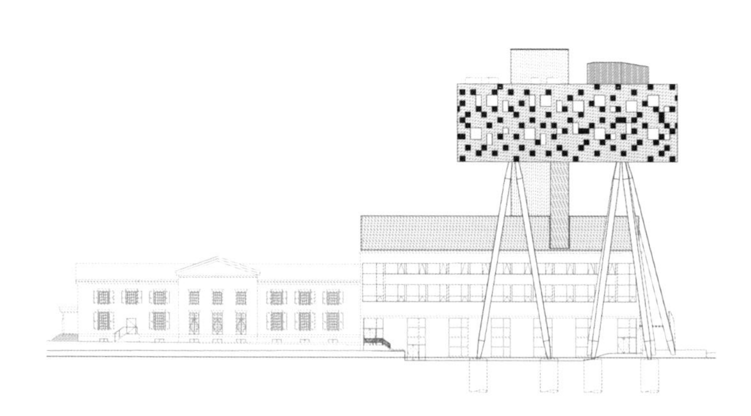

南立面

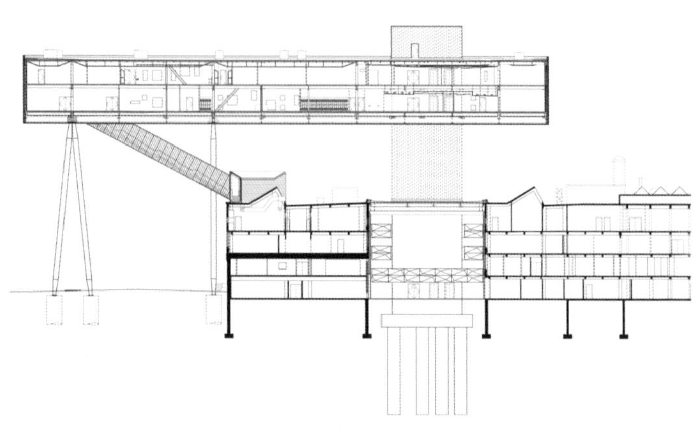

纵剖面

该项目最主要的挑战之一，就是在已有建筑上方施工的同时，学校能保持在噪声中正常运行。除此之外，由于缺少空地且紧邻周围建筑，施工队没有一个宽敞的存储区。重达20吨且高的结构柱，需要在运达现场时马上安装。这样一个直接而有条理的施工方法也慢慢地得到了邻里和行人的欣赏。为了获得大尺寸的柱子，设计师不得不采取过去常用在石油业的一项特殊技术，并最终选择了异地进行预制。从最初几个柱子的安装到最后的结构外壳，仅仅用了四个月的时间。

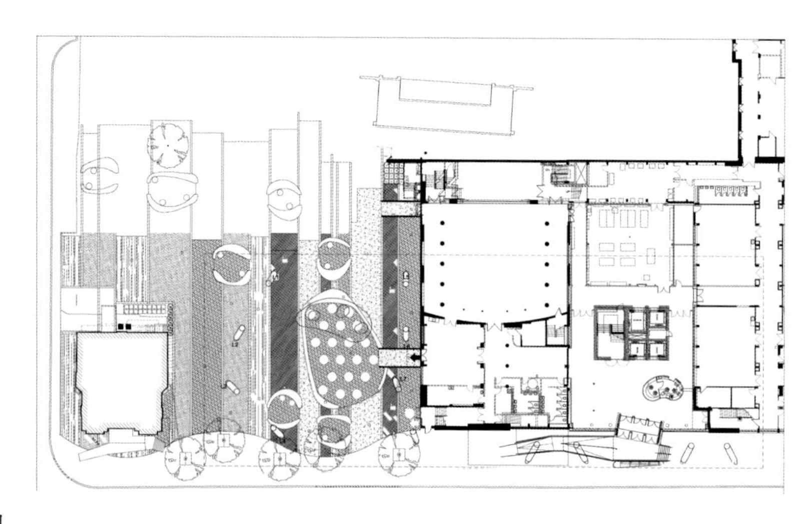

底层平面图

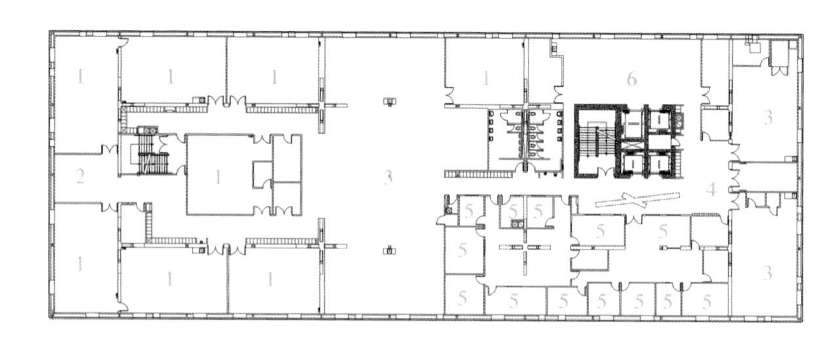

1–教室
2–讨论室
3–工作室
4–展览室
5–办公室
6–休息室

主层平面图

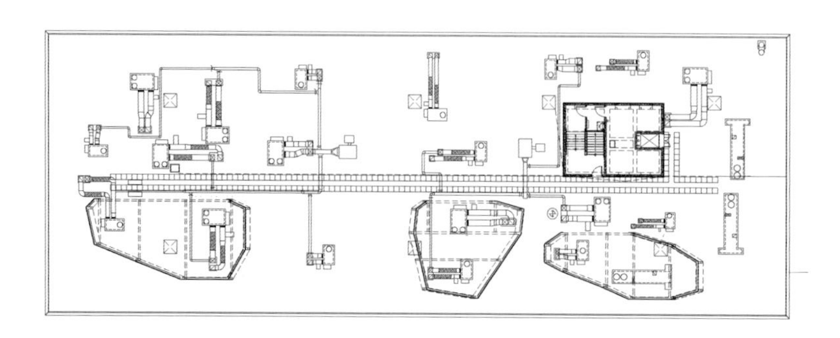

屋顶平面图

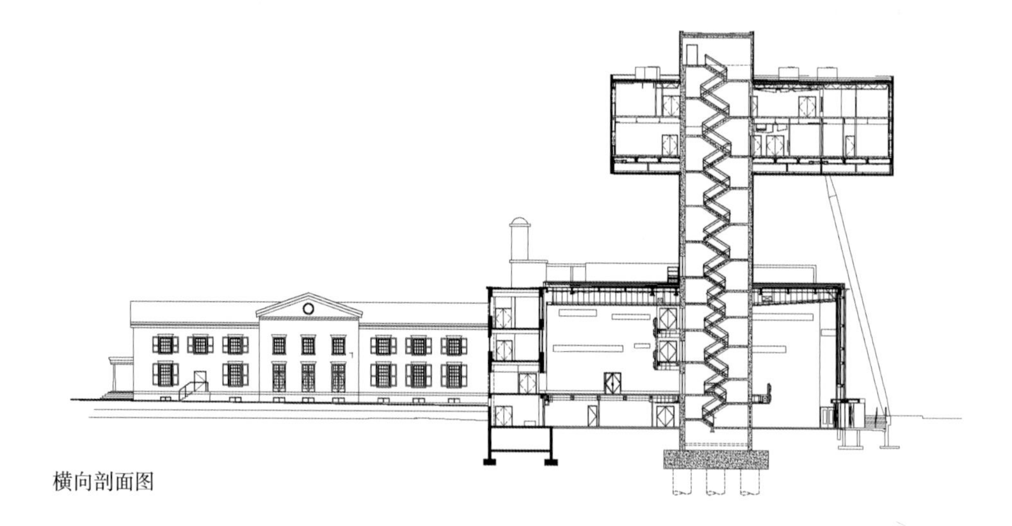

横向剖面图

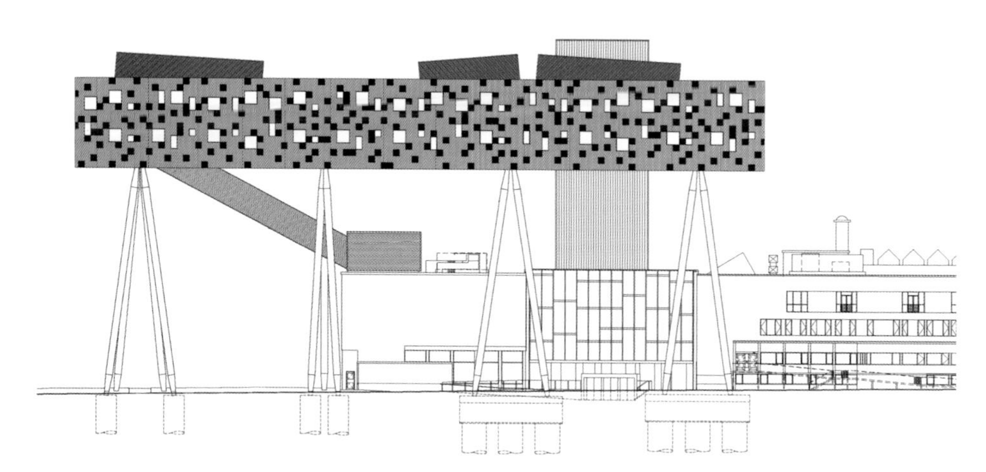

东立面图

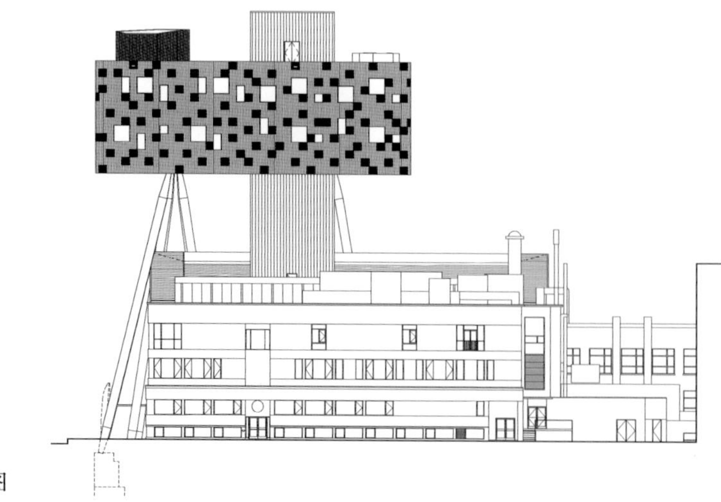

北立面图

通过设计中大量不同方案的比较，建筑师最终敲定了一个南北向535英尺（163米）长的两层建筑方案。这个建筑包括了新的艺术工作室、会议大厅、展览空间、研究中心还有不同学院的办公室。除此之外，这个项目还设计了新的入口大厅来统一贯通的空间和集散不同的功能分区，从而成功地重组了之前有问题的建筑组织。由于当地的冬冷夏热的极端气候条件，建筑必须配备一个能效高且可循环的空调系统。相应地，建筑师也设计了一个参数化的含有空气层的双层建筑表皮，可以保温和冷却室内空气，同时节约了能源。

附生

这个特别建筑作品的起源，可以追溯到2001年选举鹿特丹为欧洲文化之都的时候。拉斯帕尔玛斯大厦——这座曾经废弃的工业仓库——在那一年举办了各种展览，当时展览汇集了来自不同国家和地区的建筑师，文化碰撞出来的高涨氛围，最终促使将其中的一项真正地投入建造。其中一项名为“寄生”的研究，提出了一组利用城市基础设施作为结构支撑的构想。而位于该市港口附近的拉斯帕尔马斯大厦，作为展览的标志，其楼顶是这种结构理想的建造场地。这个项目的视觉效果就聚焦在了楼顶的电梯井上，由此产生的拉斯帕尔马斯寄生展馆成为一个结合了预制技术和独特定制品质的建筑成功范例。由于电梯井的尺寸限制只能有一个小的体量，而这个刷成明亮的绿色并带有菱角的建筑形式，最终却成为了一个真正的城市地标。

客户：寄生展馆

项目类型：临时性展馆

地点：荷兰，鹿特丹

总建筑面积：915平方英尺（85平方米）

竣工时间：2001年

摄影：安妮·布斯马（Anne Bousema），克里斯蒂安·凯尔（Christian Kahl），丹尼尔·尼古拉斯（Daniel Nicholas），埃罗尔·索亚（Errol Sawyer）

荷兰 鹿特丹

拉斯帕尔马斯寄生展馆

科特尼基·斯图尔马赫建筑师事务所（Korteknie Stuhlmacher Architecten）

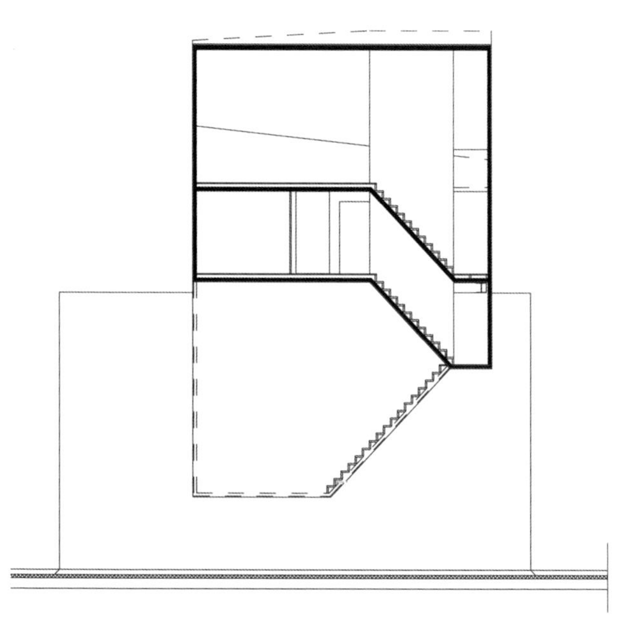

纵向剖面图

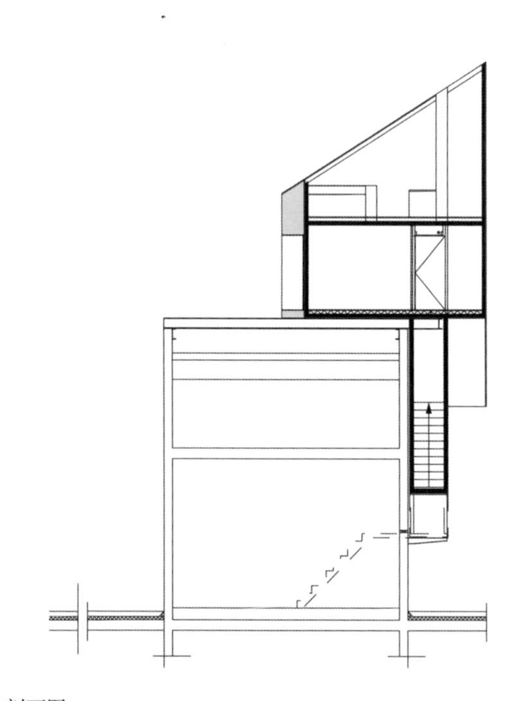

横向剖面图

这座小型展览馆利用已有建筑屋顶的钢筋混凝土作为结构支撑，墙体、地板和顶棚都是使用回收的欧洲木材所制成的叠层板。每一个构件都是预制的，按尺寸切割包装好，并作为一个独立的单元，配送到施工现场进行装配，最终在荷兰成为第一个用这样的施工体系建造的成功范例。尽管当时狂风呼啸，但整个施工过程仅几天就完成了。外部的隔热层由亮绿色的大型胶合面板组成。这个激进的项目为木质建筑的建造提供了新的可能性。

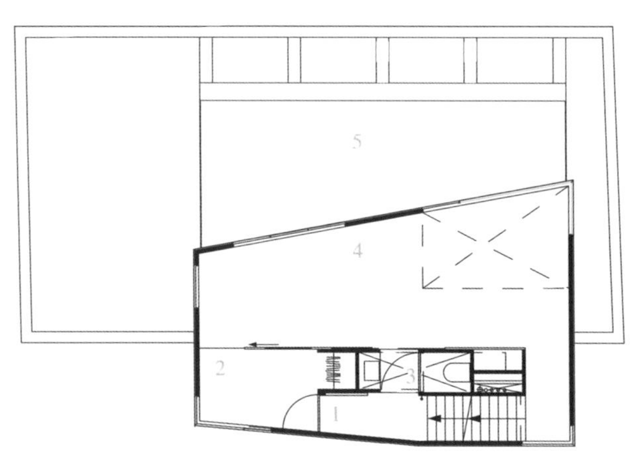

一层平面图

1–入口
2–休息室
3–设备房
4–多功能室
5–阳台

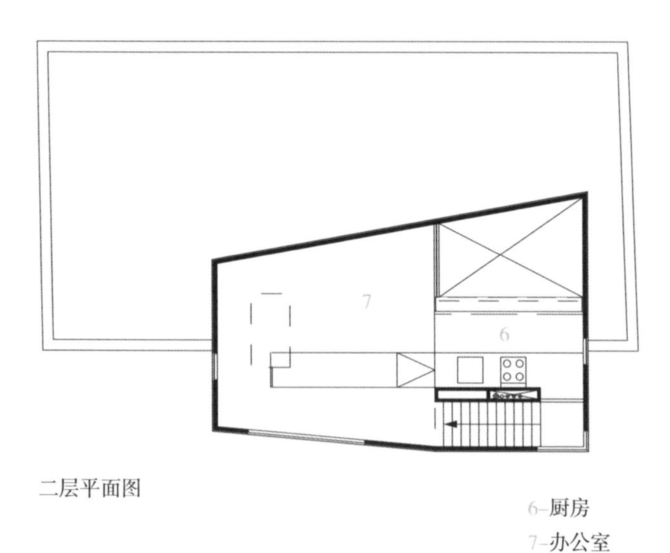

二层平面图

6–厨房
7–办公室

室内未经处理的木制面板直接暴露在外面，洞口被处理成木板上简单的小洞。为了避免使用窗框，采用了固定的双层玻璃窗和嵌入木板中的通风百叶窗。洞口的尺寸、样式和位置各不相同，目的是强调在周围遍布新兴城市发展和繁忙港口的地方，还可以看到令人惊奇的多样的景象。尽管这栋建筑是临时性的，但是直到2005年夏天，它还一直在原地并开展了各种活动。后因为拉斯帕尔马斯大厦的修复计划，这座寄生展馆才被移走，目前还被保存着，等待着新的使用和安置地。

寄生

第二次世界大战的大轰炸几乎摧毁了柏林整个城市，位于柏林蒂尔加滕区施普雷河附近的一栋建于1907年的5层幸存建筑成为这个项目的起点，它集合了警察局和消防局的功能。原有建筑是一个复杂庭院的一部分，划分出不同的区域，并且提供了带有私密的内部景观的办公空间。由于靠近一条小型铁路，这栋建筑在1945～1991年期间曾被用作铁路仓库。最终因为倒闭而导致了整个建筑的彻底废弃。1998年，一个目标是重建城市中心区域并将其融入新的城市肌理的伟大计划诞生了。为了适应要求，都该建筑进行扩建是必需的。设计的策略是要在经济和生态方面紧凑并且高效。于是建筑师设计了一栋两层的建筑，靠在现有建筑的内侧。之前的庭院还是以原有的构成为基础。首层架空的新结构提供了宽敞的停车位给警车和消防车。

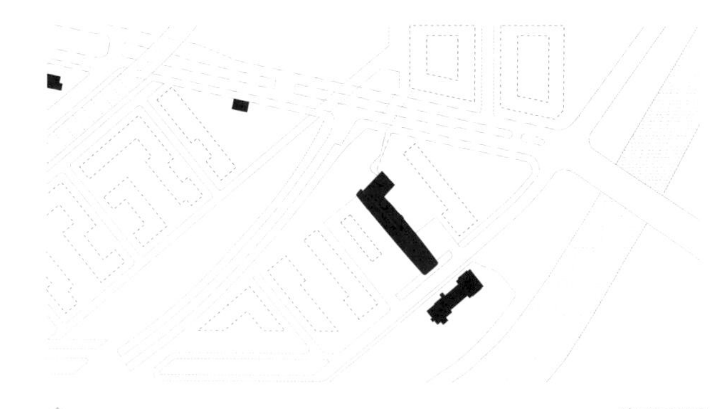
总平面图

客户： 柏林当地政府

项目类型： 城市建筑

地点： 德国，柏林

总建筑面积： 73733平方英尺（6850平方米）

竣工时间： 2004年

摄影： 比特·布雷特·福托格拉菲（Bitter Bredt Fotografie）

德国，柏林

消防警察局

索布鲁赫·胡顿建筑师事务所（Sauerbruch Hutton Architects）

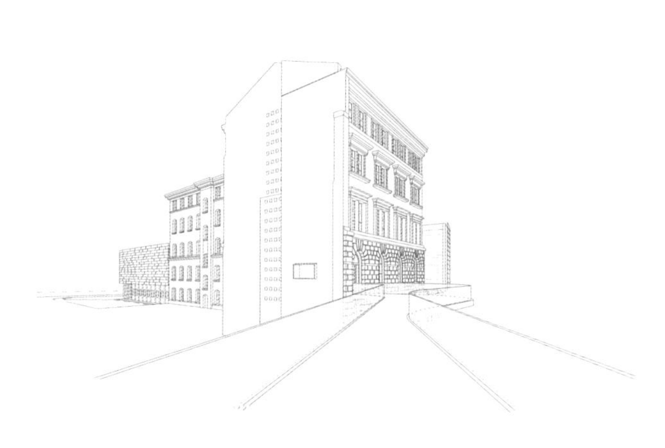

外观透视图

通过材料和色彩来探索新旧建筑的对比。扩建部分的彩色玻璃表皮呈现出一种抽象的外观，与原有建筑厚重而古老的砖石砌筑立面形成对比。虽然新建筑在功能上依赖原有建筑，但在原有普鲁士建筑的坚固性和新建筑彩色玻璃构件所展现出的非传统、明亮和开明的形象之间，还是可以看出一个清晰的对比。新表皮的红绿色调参考了警察和消防队，也是向这些国家机构可识别的颜色致敬。条形板由玻璃组成，高26英尺（65厘米），宽为3英寸（1米）到8英尺（2.5米）不等。为了确保一个通风较好的立面，这些接缝都是开着的，条形板与主体结构也都是分开的。

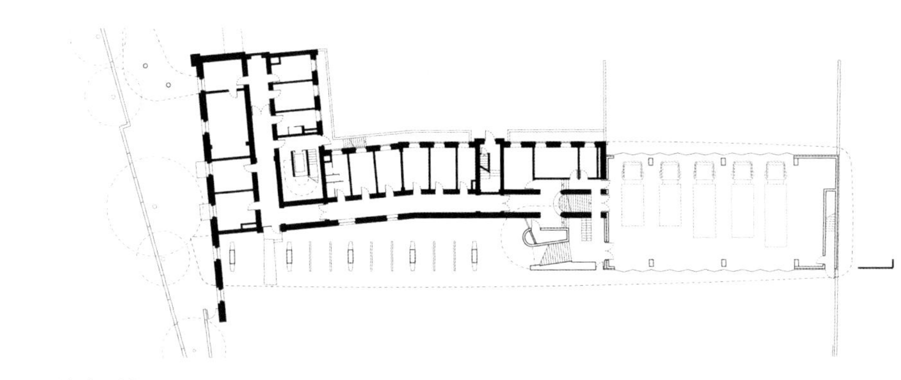

一层平面图

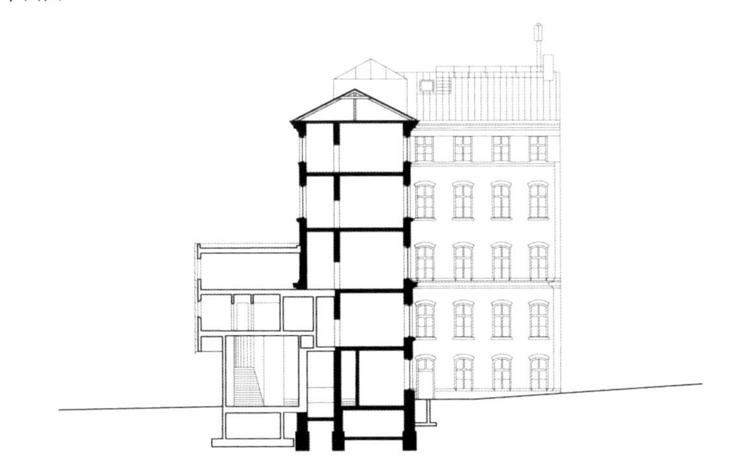

横向剖面图

侧立面图

新旧建筑立面图

新建筑的选址结合了周边环境和历史意义。水平方向的延伸是对旧有院落的回应，而立面的竖向延伸则结合了周围的城市环境。新旧建筑的结合优化了原有功能；为了一个更传统的公众形象，警察局保留了北侧现有建筑的主立面，消防局则选在新扩建的部分，因为它需要更复杂的功能和崭新的形象。简洁朴素的室内强调了建筑每一部分的特点。

寄生

这个项目是墨西哥城郊区一个独栋住宅的扩建部分，带有20世纪50年代典型别墅的特点。客户希望创造一个为整个家庭所用的生活区，但最主要的还是为他们的孩子提供一个玩耍的地方。根据使用者的特点，建筑师设计了一个连续没有边界的空间和一个封闭私密性强的核心空间。这个核心空间沿着连接花园的圆形坡道逐渐地变为开放。设计的主要挑战在于既要协调新增的功能，同时又要创造一种形式上的建筑语言去结合原有建筑。新建部分有机和整体的形式与原有建筑的方正和变化的特点，都形成鲜明的对比。它强调了一种附加互补的空间，是原有结构的基础上产生的不常见的空间形式。这两部分是不同建筑风格融合的实例，它们将墨西哥建筑的两个关键时期——20世纪50年代现代建筑的开始时期和当代建筑技术的革新时期联系起来。

客户：私人业主

项目类型：住宅扩建

地点：墨西哥，墨西哥城

总建筑面积：377平方英尺（35平方米）

竣工时间：2001年

摄影：保罗·齐特罗姆（Paul Czitrom），路易斯·戈多亚（Luis Gordoa）加尔萨·伊诺霍萨（Javier Hinojosa），保罗琳娜·加尔法·哈伯德（Paulina Garcfa Hubard）

墨西哥城，墨西哥

儿童房

建筑实验室（Laboratory of Architecture）

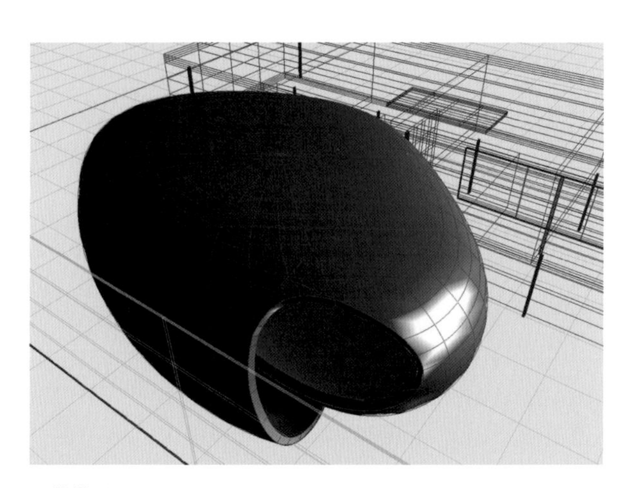

三维模型

虽然该项目规模较小，但对建筑团队还是提出了相当大的挑战。在整个设计的过程中，团队在处理功能和形式问题的同时，对建造体系进行了深入透彻的研究。该建筑物由一个金属结构构成，上面覆盖了一层平整的聚氨酯泡沫，并用聚合物涂层加以处理，使得表面光滑均匀。这种有机形式的结构需要专业手工匠的参与，这也是该项目得以在墨西哥这样一个劳动力成本较低的国家实施的重要原因。整个施工周期为三周，这归功于21名工人和工匠每天平均12小时的合作劳动。

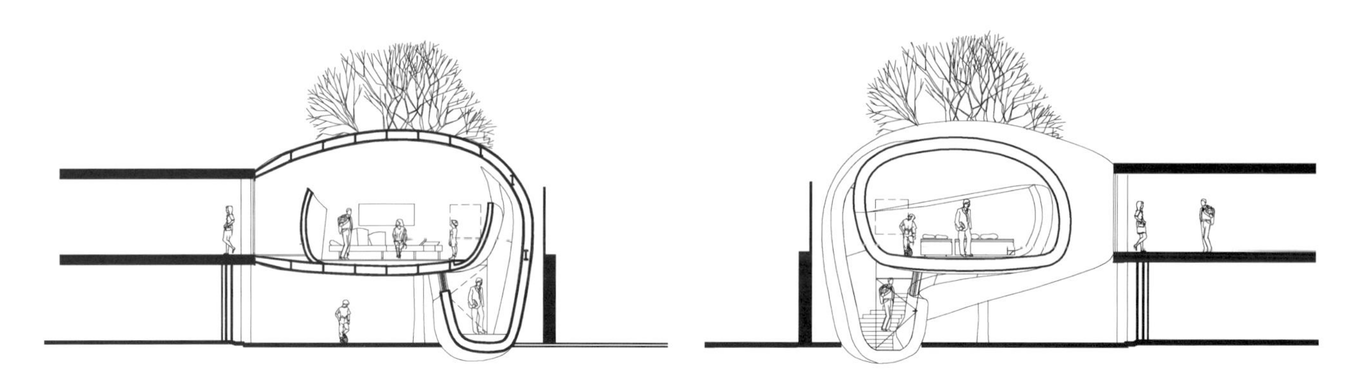
横向剖面图

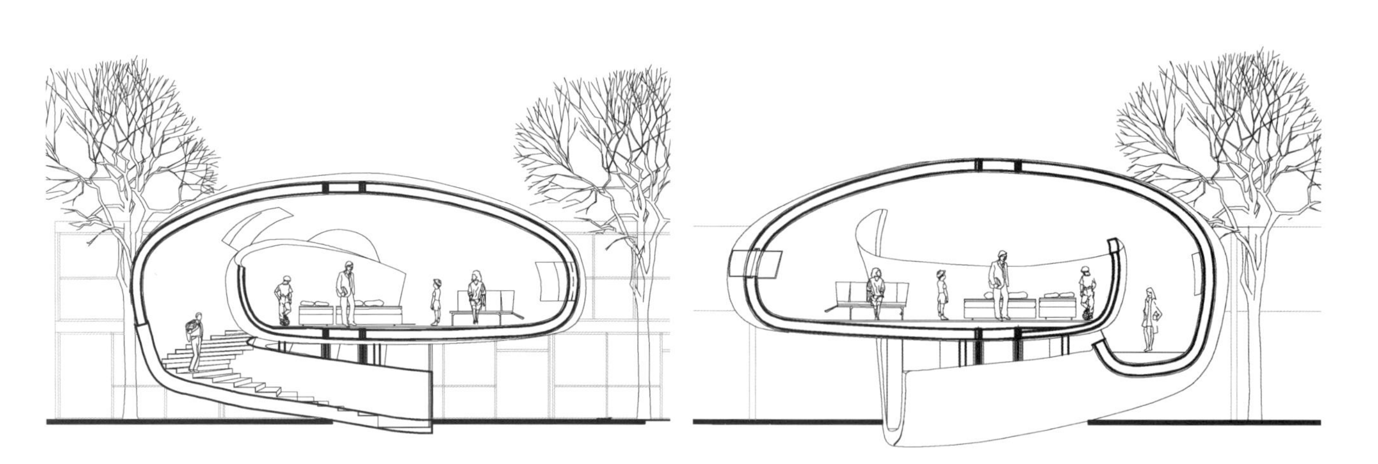
纵向剖面图

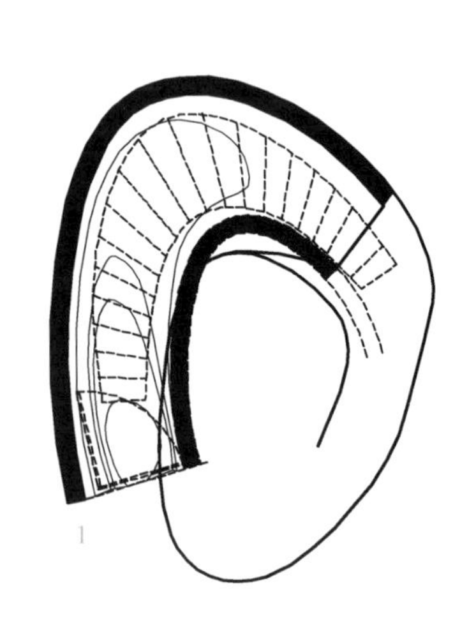

底层平面图

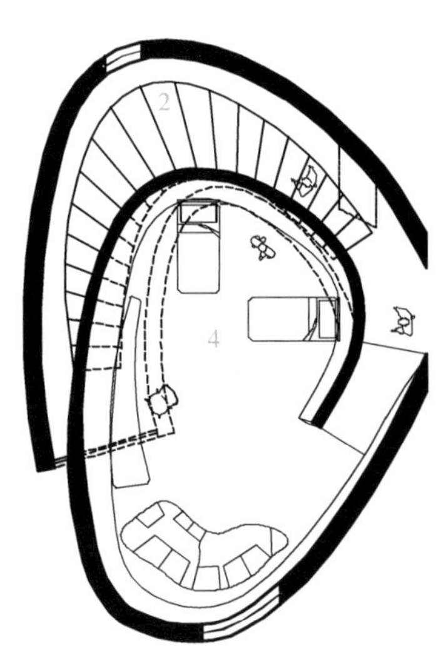

中间层平面图

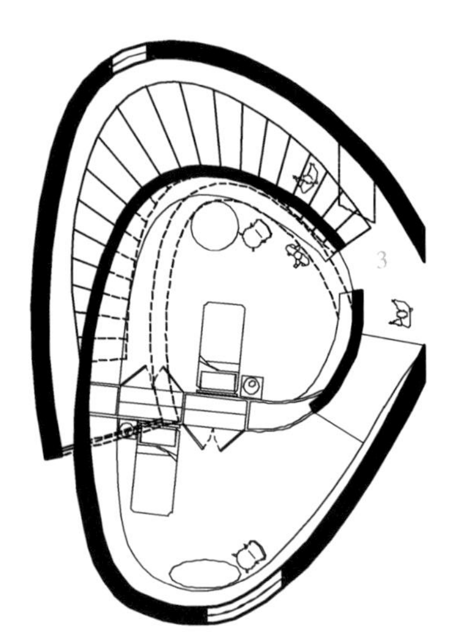

顶层平面图

1–花园入口
2–坡道
3–室内入口
4–房间

精致的内部空间可以从包含几个卧室的原有住宅的一楼进入，而圆形坡道则通向花园。这个灵活的空间，没有明确的边界限定，可以用作儿童卧室、客卧或者游乐区。施工过程采用了美国最先进的技术如激光切割金属梁等，与用于加工的本地技术的有趣组合。为了获得设计所需的曲线和倾斜度，所有表面均采用手工制模和抛光。

根系　　　　捕集水　　　　多汁性

水的控制

在植物生理学上，水在许多方面都很重要。因为它溶解了土壤中的所有矿物质，并在植物组织中对其分解。此外，它还是光合作用的基本成分之一，是维持细胞壁刚性所需压力的必要条件。同样对于原生质的存在来说也是必不可少的。水是细胞的基本物质，如果水的含量少于10%，就只有很少的组织能够存活了。最后，植物内部的水分吸收周围的热量，阻止原生质中突然出现的温度变化。在特别干燥的气候下，植物已经进化出不同的机制来适应水资源的稀缺。它们的目标都是改善供水、提升储存或防止水分流失的系统。

根系 | 水的存储主要是通过创建复杂的胚根和根部系统来进行，而根系能够使植物得到更好的水资源供应。

捕集水 | 如果说雨水对于植物的主要作用是保持土壤湿润的来源，通常来说这种重要性是间接的。即便如此，植物外观的纹理对于降水的细微分布有相当大的影响。一种非常普遍的现象是在干燥气候里，某些植物的形态结构可以使它汲取雨水，并通过导管传到根部。某些植物的叶子，如芦荟，确保了叶子上的水分能够转移到植物的中心或内部。在干旱地区，这种现象极大地影响了植物的生存能力。如带刺的金合欢，它扁平的叶子伸展开来，充当了漏斗收集落在叶子上的雨水，并传导到树干和根部。

多汁性 | 这是最常见的储水系统，它是植物内部的各个组织在短暂的雨季里积聚了水分而形成的。这是植物的储水组织为了能够抵御自然干旱而进化出的特点。多汁可以在根部（小叶木棉）、茎（仙人

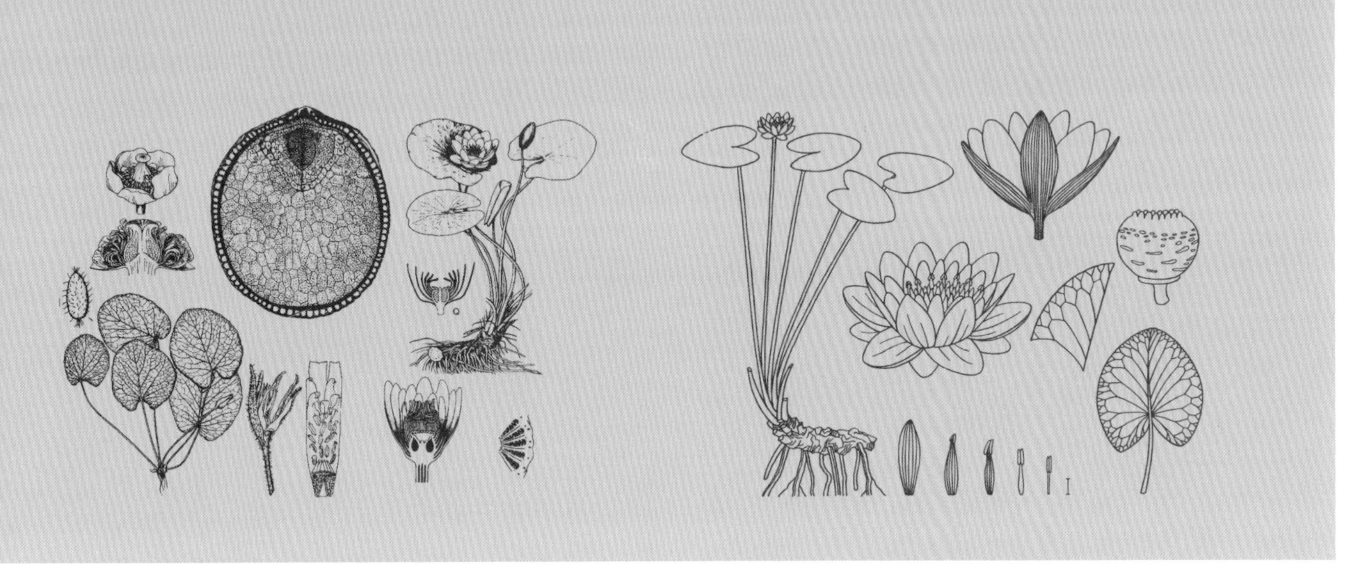

水生植物（空洞）　　水生植物（长叶柄）

掌）、叶（龙舌兰属植物，芦荟，日中花属）中发现。对于景天科（短花茅属）的叶面来说，有两个特点：多汁和最大程度的减少表面积。这点换句话说，就是变成球的形状或者叶片表面缩小成一个球。

除水 | 对于生活在空气与土壤湿度很大的环境中的植物来说，缺水不是问题，相反，这些植物有种特殊的结构来除去多余的水分。其中最常见的办法就是增加引起水分流失的蒸腾作用。许多植物在极度潮湿的环境下通常会进化出大的叶子来有助于它的蒸腾作用。水生植物特别适应在池塘、溪流、湖泊、河流和泻湖中生存，而这些地方是陆生植物无法生存的。

水生植物 | 生长在水中的水生植物拥有一个最奇特的结构特征，就是海绵状的组织。如水蕹属和还有那些萍蓬草属的水生植物，巨大的细胞间空洞充满了空气，可以使植物漂浮在水中。在某些情况下，这些空洞被用来储存由光合作用和呼吸作用产生的气体，从而使它们可以在水中生存。其中，亚马逊王莲是非常有名的物种，它叶子直径可以达到7英尺（2米）。8英寸（20厘米）的凹陷叶边儿还有部分覆盖表面的膜，可以使叶片漂浮起来，并且可以支撑高达11磅（5千克）的重量。此外，为了避免因水位上升而被没过，许多水生植物生长出的叶柄（茎与叶柄相连）比正常的要长，这样它们就可以继续漂浮在水面上。如果水位继续上升，叶柄也会继续生长使叶片到达水面。萍蓬草属、睡莲属和眼子菜属的水生植物，还具有可以阻止水润湿叶子的机制，如同蜡状的表面，可以让水滴很容易滑落，也可以通过保留叶片表面的水滴来阻止水的流动。

捕集水

本森–里奥格兰德山谷州立公园，是以农业为主的里奥格兰德河下游地区中的一个野生动物绿洲。新世界观鸟中心占地62英亩（25公顷），它曾经是个洋葱种植园，现在正被用来恢复各种当地的物种。公园吸引了许多游客，其中不乏蝴蝶或鸟类观察者来寻找最佳观赏点。在这个项目中，游客可以在公园内等待轨道电车带领他们进入园区的内部，还可以对自然栖息地的特性做一次更深的了解。该设计集合了一组将技术和当地典型牧场相结合的节能建筑。三个矩形的体块组成了一系列的外部庭院，在庭院中复制了适合当地的各种生态系统。该建筑群并没有模仿这个地区常见的墨西哥殖民风格，也不像游客所预期的那样，它强调的是功能和生态的特征。建筑体量简单，由砖和混凝土建造，上面覆盖着金属的拱形屋顶，同时也可作为一种吸水装置。

总平面图

客户：得克萨斯野生公园

项目类型：游客中心

地点：得克萨斯州，梅森

总建筑面积：23681平方英尺（2200平方米）

竣工时间：2004年

摄影：海丝特和哈达威（Hester + Hardaway Photographers）

得克萨斯州，梅森

世界观鸟中心

弗拉托湖建筑师事务所（Lake | Flato Architects）

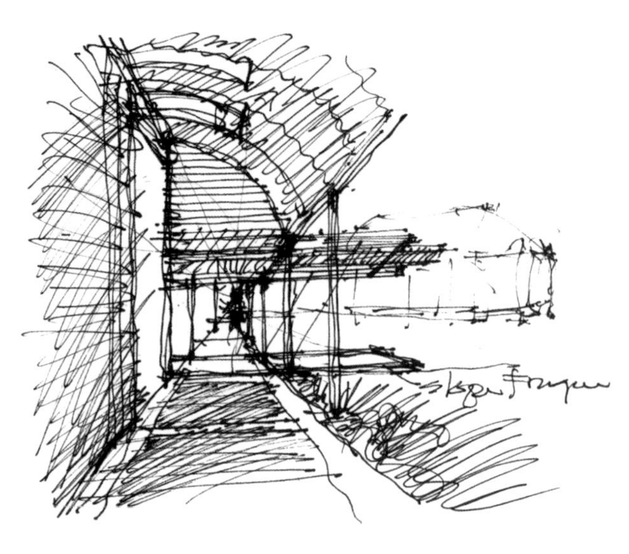

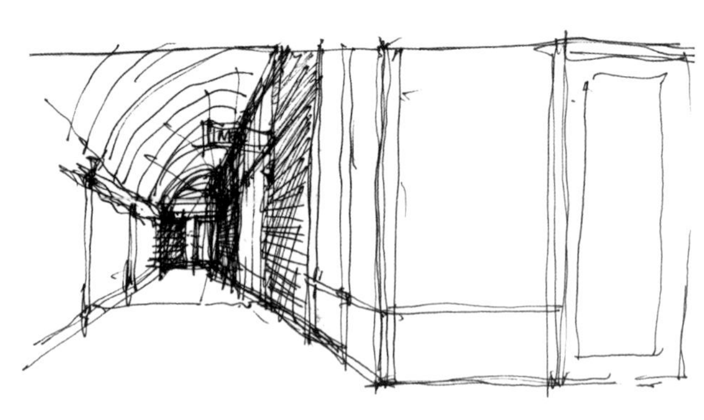

初期草图

该项目包含观景平台、展览区、餐厅、图书馆和中心的行政办公区。三个体块和连接它们的人行道的空间布局，加强了与花园和周围环境的联系。这组建筑的构思是为了最大限度地节能。北立面的大窗发挥了全景视角的特点，而百叶窗和宽敞的门廊则保护着南立面免受强烈阳光的影响。拱形的金属屋顶收集雨水，然后运送到18个在建筑中不同位置的钢质存储罐里，尔后会被用来浇灌花园和作为供应中心的用水。

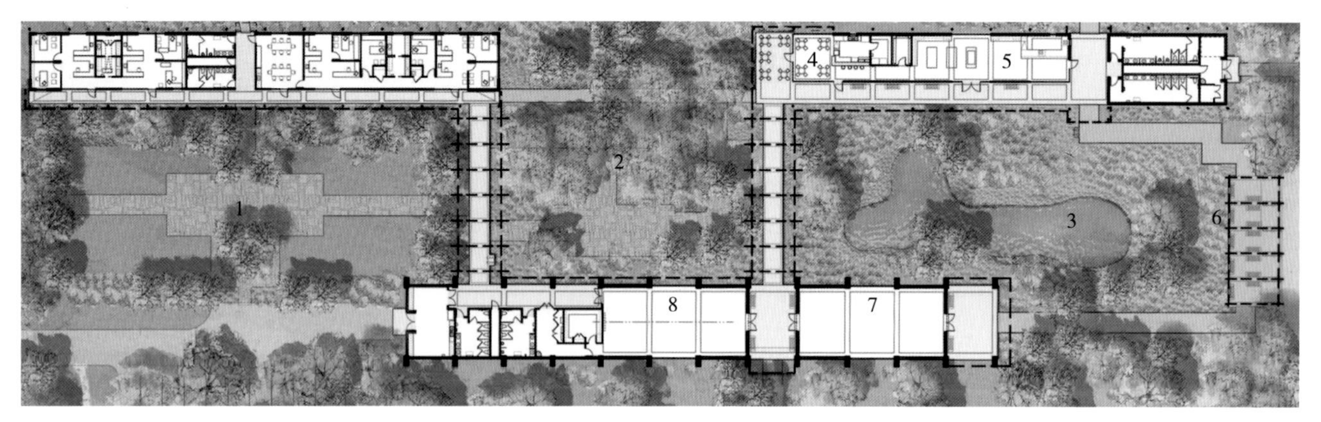

一层平面图

1–入口院子
2–乌木花园
3–湿地花园
4–餐厅
5–图书馆
6–有轨电车站
7–多功能室
8–展览区

横向剖面图

这个项目位于巴塞罗那的波尔诺社区，在过去的几十年里，它经历了城市的戏剧性变化。1992年奥运会和2004年环球文化论坛带来的城市转型，使这个老工业区和周边的社区实现了再生。如今已经被整合到了市中心的该社区，成为一个吸引大众和个人投资的、富有活力的地方。在19世纪时，这个地区的纺织厂从地下抽取了大量的水来使用。所以一旦这个行业消失，地下水的水位就会大幅上升，现在的地下水位至少是23英尺（7米）左右。作为官方机构的巴塞罗那爱科蒂瓦新总部大楼，不仅促进了就业、商业合作和创业，还将这个地下水资源丰富的特点转化成了一个设计亮点：两个98英尺（30米）深的井，可以每小时汇集18494加仑的空气，并且保持64华氏度（18摄氏度）的恒温，这些空气冬暖夏凉。从地下抽上来的水可以供水压机使用，为控制温度、灌溉和卫生服务提供必要的能源。同时这个系统也包含了一个3531立方英尺（100立方米）、占据两层地下室的蓄水池。

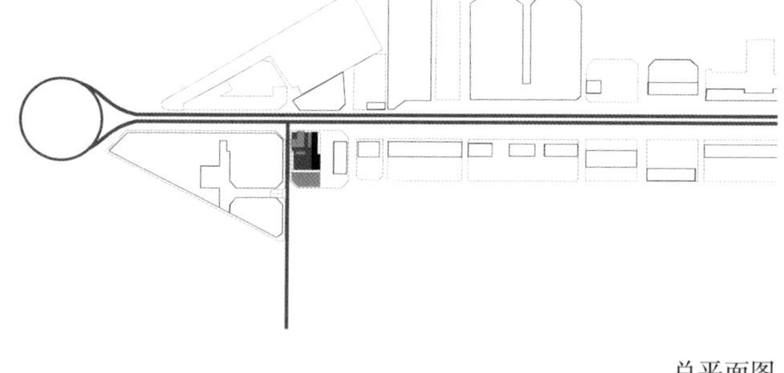
总平面图

客户：巴塞罗那 爱科蒂瓦

项目类型：城市综合体

地点：西班牙，巴塞罗那

总建筑面积：109049平方英尺（10131平方米）

竣工时间：2000年

摄影：迭戈法拉利（Diego Ferrari），卡莱斯伊巴兹（Carles Ibarz），伊娃塞尔维亚（Eva Serrats）

总分析图：埃里森和彼得·史密森(Alison and Peter Smithson)

西班牙，巴塞罗那

新巴塞罗那爱科蒂瓦总部

罗尔丹 + 贝伦格事务所（Roldán + Berengué Arquitectos）

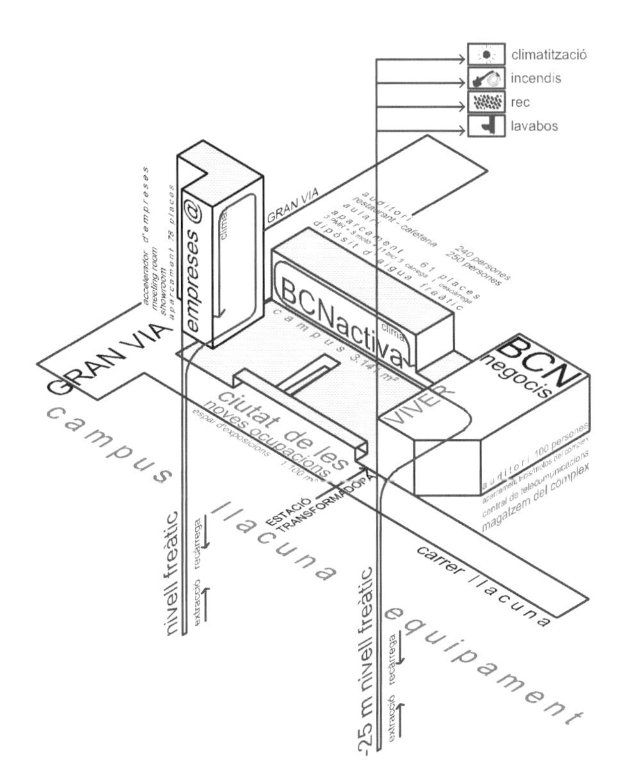

climatització
incendis
rec
lavabos
GRAN VIA
GRAN VIA
empreses @
BCNactiva
BCN negocis
VIVER
ciutat de les noves ocupacions
campus
llacuna
equipament
carrer llacuna
nivell freàtic
-25 m nivell freàtic
ESTACIÓ TRANSFORMADORA
magatzem del complex

总分析图

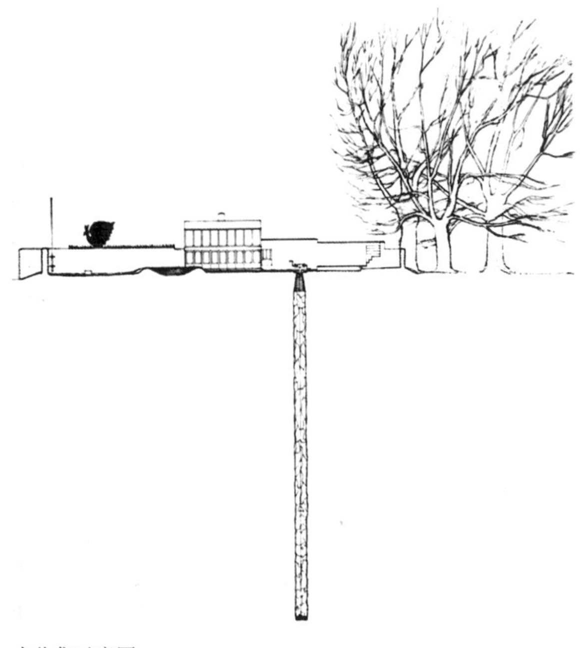

水收集示意图

设计这个综合体需要在新建和既有建筑之间达到微妙的平衡。整个项目包括一个媒体中心、一座礼堂和巴塞罗那爱科蒂瓦公司的总部，充分体现了现有建筑和新建办公大楼中企业的增长数量。综合体的各区参照校园布局的特点，由一个半开放的广场统一起来。它用一个有遮挡视线作用的门亭与城市公共空间隔开，而过渡区组织了进入广场、下到媒体中心和进入办公大楼的人流。公共性和私密性之间、室内和室外空间的过渡，反映在了总体布局和贯穿立面的矩形阳台的设计上。

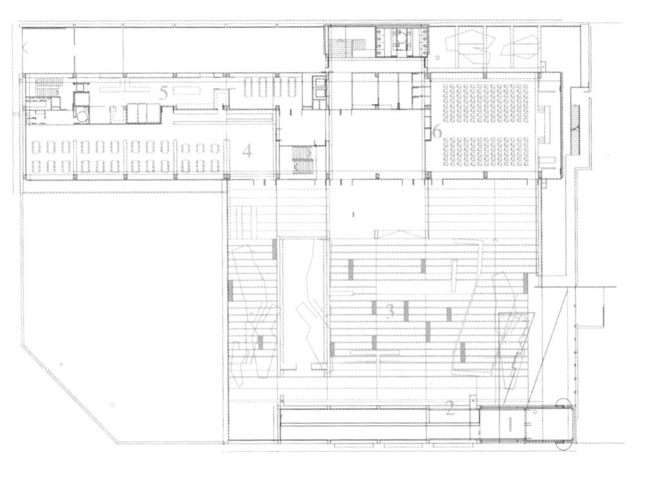

一层平面图

1–入口
2–坡道
3–入口
4–餐厅
5–厨房
6–会议室

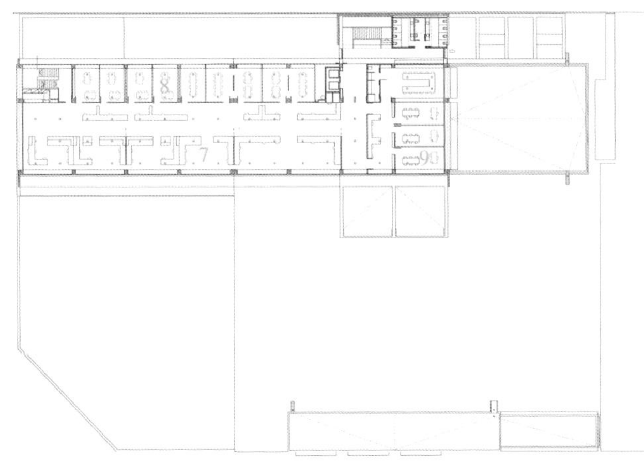

二层平面图

7–开放办公区
8–私密办公室
9–会客室

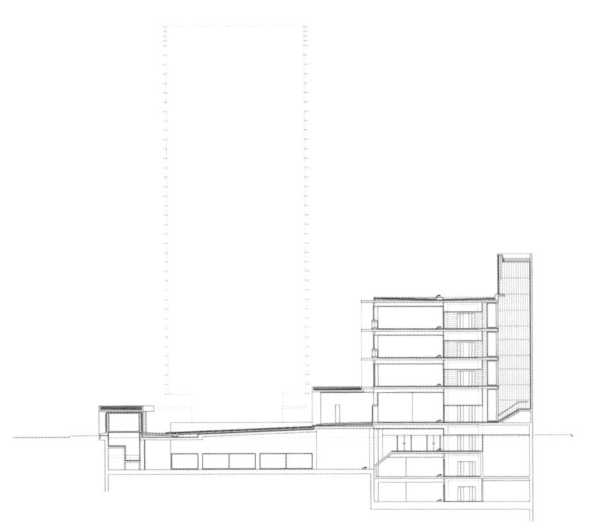

横向剖面图

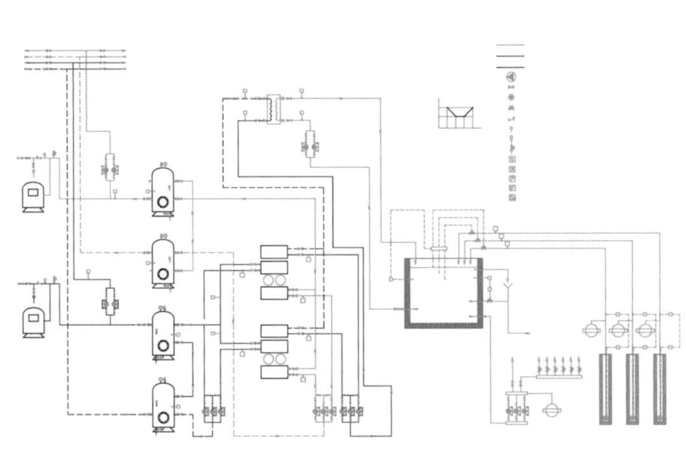

空调技术图

该项目的一个前提是要设计一个灵活多变的建筑，让它既能适应多功能的使用，又可以满足未来一些不同功能的使用。强调水平性，将自身比喻成一个城市的框架，其他的部分可以根据综合体的需要被放置和置换。入口处放置了自己的广告，地板下铺设了电线，楼板里安装了移动照明装置，玻璃上贴着保护膜和横幅。建筑师把这个项目定义为“壁橱”建筑，以实现其更强的通用性，而避免过于重视形式——这些正是工业建筑所具有的宝贵特点。

水生植物（长叶柄）

我们这个时代，各种气候问题已经导致了全球范围内洪水威胁的增加。海洋和河流威胁着的三角洲地区，这种现象尤为突出。这一点在世界范围内，荷兰是最受关注的地方。那里的人已经遭受了几个世纪的大灾难，荷兰将近四分之一的土地是从海洋开垦出来的，其中一半位于海平面以下。由于全球变暖，导致水位上升产生的隐患聚焦了新的问题：如何保护这个国家免受危害。在过去的五十多年里，荷兰人一直依靠高科技来保护自己免受洪水的侵袭。然而今天，这种日益增长的威胁，促进了不依赖大型防洪设施的建筑学领域应对策略的发展。在20世纪90年代，政府发起了一项主要是沿河洪灾区的土地征用计划，这里我们所要介绍的独栋住宅项目，就是荷兰尝试的首批样板，同时也是一个基于最古老的防洪解决方案：漂浮建筑。

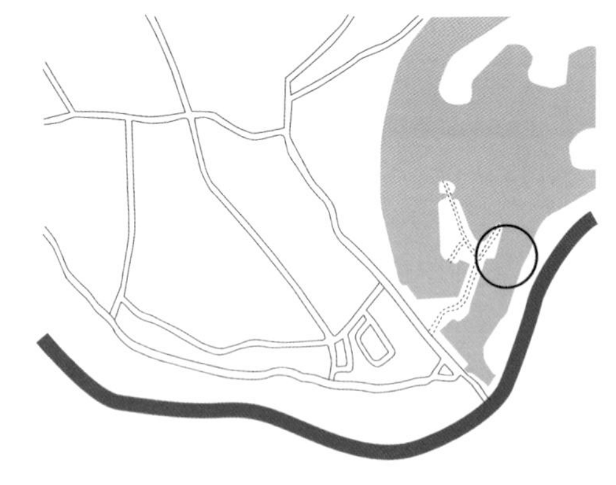
总平面图

客户：私人

项目类型：住宅

地点：荷兰，马斯博默尔

面积：700平方英尺（65平方米）

竣工时间：2005年

摄影：建筑元素（Factor Archirecten）

荷兰，马斯博默尔

马斯博默尔住宅

建筑元素（Factor Architecten）

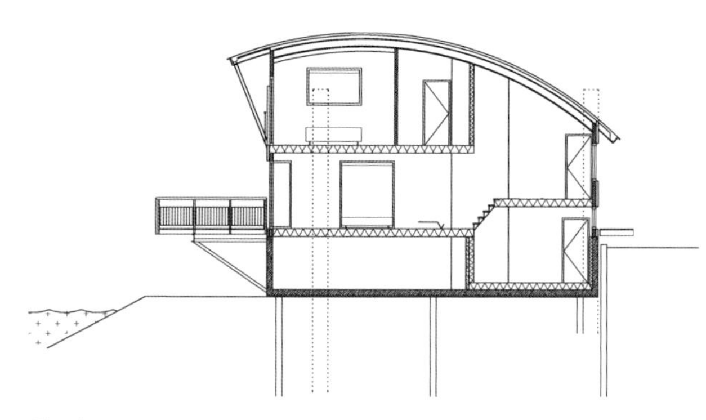

横向剖面图（陆地部分）

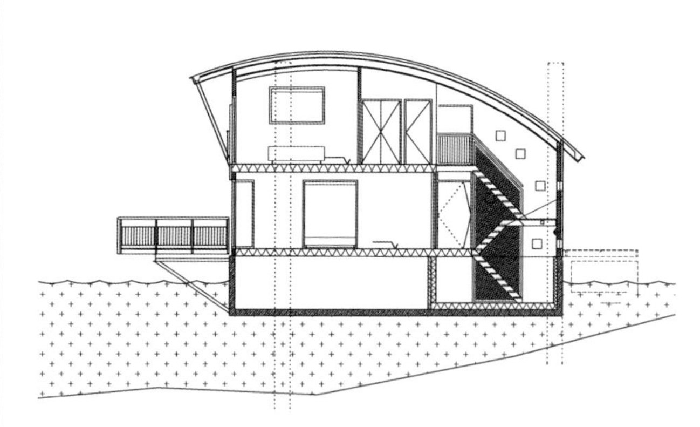

横向剖面图（漂浮部分）

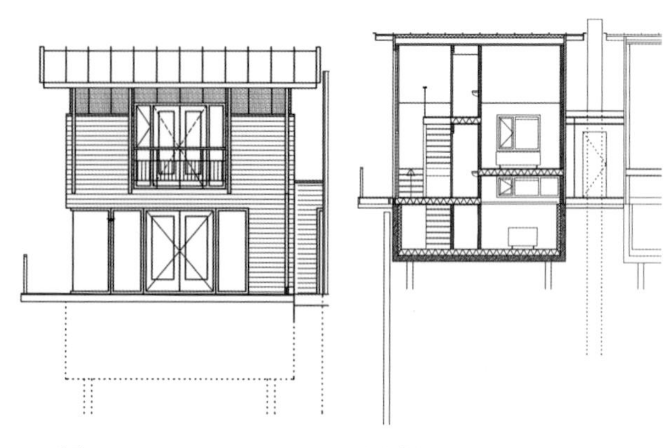

立面图　　纵向剖面图

不久以前，在这个很容易发生洪涝的地区是禁止施工的。如今这些新型的“两栖”住宅被设计成了可以漂浮、会随着水位上升而升高的房屋。与许多在荷兰运河和东南亚小村庄的漂浮建筑不同的是，这些房屋是在坚实的地面上建造的，但在洪水泛滥时，它们可以随着水位升高。这些使用轻质木材的房屋建造在空心的花岗岩基座上，这样就允许它们自由浮动。这种结构没有固定的地基，只是被简单地放置在地面上，固定在带有滑动环的16英尺（5米）的柱子上，支撑结构可以随着水位上升和下降。所有的电力装置、水管和排水系统都安装在加固柱内的软管里。

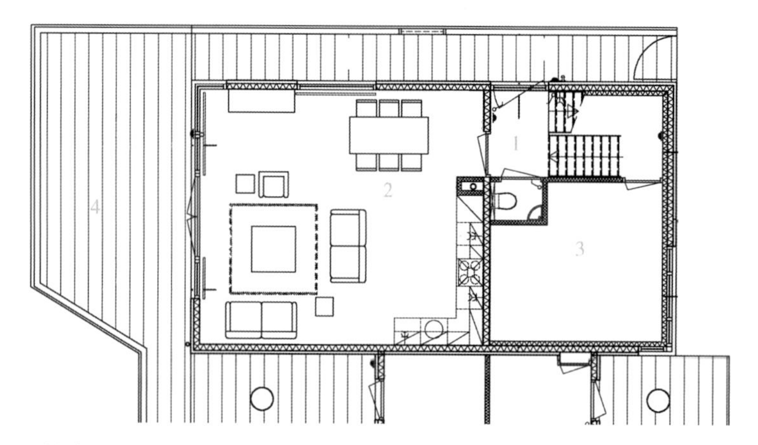

一层平面图

1–入口
2–起居–就餐–厨房
3–储藏室
4–阳台

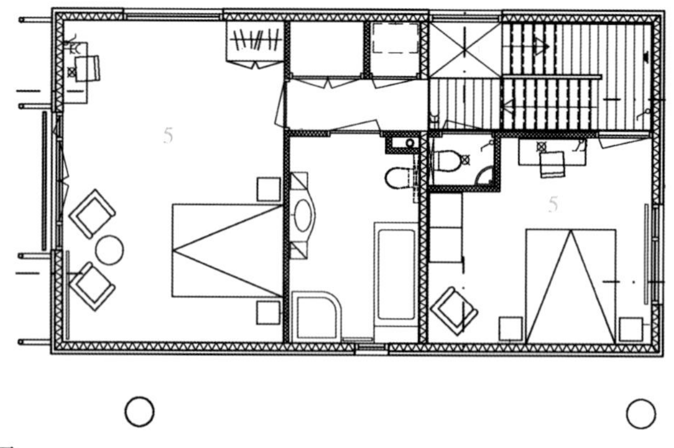

二层平面图

5–卧室

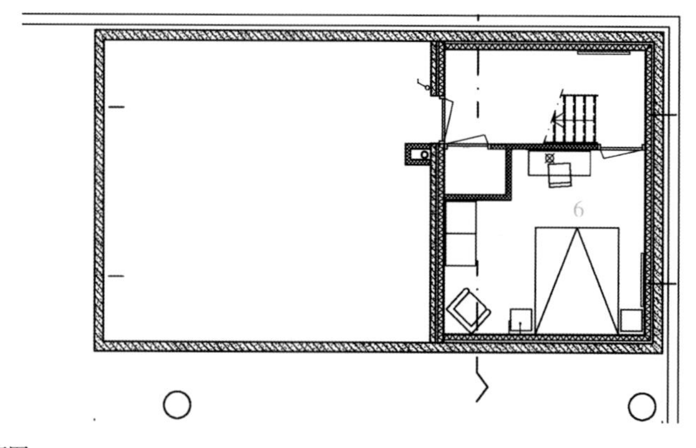

三层平面图

6–卧室

这组住宅坐落在位于马斯河道之上的一个风景优美的平地上，马斯河是荷兰境内主要的河道之一。这种独特的住宅也满足了荷兰作为欧洲人口密度最大的国家，寻找宜居空间的特殊需求。每个住宅单元的占地面积为700平方英尺（65平方米），3层高，布局紧凑，包括一层的起居和厨房，二层的两间卧室和三层的第三间卧室。在洪水季节，居民需要一艘船把他们送到停放汽车的堤坝上。尽管这样的居住花费，对于马斯博默尔的中产阶级居民来说相对较高，但是所有的公寓还是都已经全部售出了。

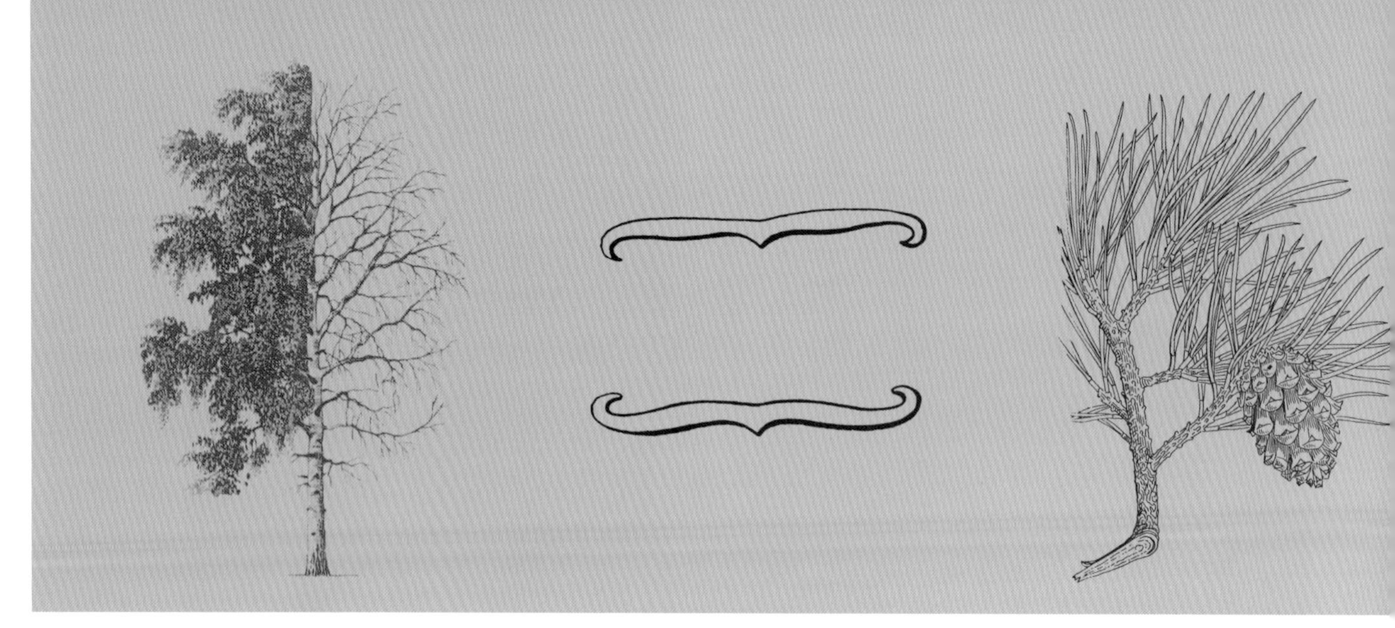

秋天落叶　　形式上的变化　　细小的或圆柱形的叶子

温度控制

所有植物的生长过程都是在最适宜的温度下进行的。适宜的温度会使它们的各项功能高效地运转。而超过特定温度的极限时，它们的功能将无法正常进行。由于寒冷引起的损伤是细胞壁或细胞内组织形成冰的结果，这种是因为机械性的故障而导致植物处于虚弱的状态。另一方面，炎热造成的损害是因为蛋白质的非自然化。在任何极端情况下，都可能会引起植物的死亡，比如极端干燥。过多的热量会发生过多的蒸腾作用，而水分的缺乏会导致致命的后果。而过度的寒冷也会引起脱水，这是由于植物无法吸收已结成冰的水的缘故。一些植物具有耐热性，使它们能够承受极端的温度，这就需要进化出能避免这种影响的特殊机能。这些适应性包括：减少表面积的尺寸以避免严酷的气候、强烈的辐射，叶片的适当位置以及通过蒸腾和保温来进行降温和加热的系统。

秋天落叶 ｜ 在温带地区（落叶植物）这种策略适应寒冷季节，植物可以通过大幅减少叶子来避免与冷气的接触。麻黄是一个典型的例子，失去夏天的叶子并且通过绿色的根茎来进行光合作用。

形式上的变化 ｜ 一些植物的叶子会通过改变叶子的形状或位置，取代秋天落叶的做法，来减少直接辐射和部分有蒸发作用的表面与空气过多地直接接触。例如，迷迭香叶子向上折叠，直到叶边也被裹进去，使每片叶子大约一半的面积被收起来。

细小的或圆柱形的叶子 ｜ 石南科灌木野蔷薇的叶子，非常小并且几乎是圆柱形的。极小的表面积防止了过多水分的流失，并且仍然可以进行光合作用。一个相似的例子是许多仙人掌类的植物，它们的表面被缩小到了把叶子变成脊椎的程度，或者

气孔控制　　　　颜色和反射　　　　绝缘

像冷杉或松树那样的针叶树，它们的叶子完全是线状的，像针一样。

球形 ｜ 另一个减少植物总表面日晒程度的策略是采用球的形式。就像“刺猬扫把”（仙人掌）所展示的那样，采用球状的体形让许多植物保持一种微气候，获得比直接暴露在太阳下低一些的内部温度。

气孔控制 ｜ 如果一个植物叶子大部分的水分，都是通过气孔或细胞内部开口而失去的，那么这一过程的主要目的不是为了使水分流失，而是为了气体交换。在干旱或极度高温下，关闭气孔和在光合或呼吸作用下敞开气孔大小之间的协调工作，是干旱气候下植物最常见的一种适应。在典型的地中海气候下，硬叶植物的叶子拥有一种防水表层，包含苯酚、木质素和蜡，这可以让它在干旱时期减少水分损失（冬青栎）。叶片和茎上的小细毛是另一种适应，它控制着由于受热而导致的水分流失，维持着气孔上的气流，形成保护湿润空气的绝缘层，使植物免受干燥的伤害。气孔凹陷进表面，也是植物保护气孔不受空气或阳光直射影响的另一种策略。

颜色和反射 ｜ 植物一般都是绿色的，即使深浅差别很大。在干燥的气候条件下，浅色植物的色素沉淀，从浅灰色到绿色对于阳光的反射都是至关重要的，否则就会被吸收并转化为热量，例如薰衣草。相同的策略是许多硬叶植物叶子上的涂蜡层具有反射光线的能力。

绝缘 ｜ 另一种适应寒冷和炎热气候的策略涉及了绝缘材料的进化。植物的芽被一种保护性组织所隔离，就是一种能够保护对寒冷最敏感的器官的机制。树皮和木质化的组织使许多植物对极端温度有抵抗力。在某些情况下，植物会保存死去的叶子，这些叶子表面看来不再进行光合作用，显然是无用的，但实际上是用来保护对寒冷和炎热敏感的内部组织。

秋天落叶

像谷仓和马厩这类的建筑往往被归为乡村建筑，它们普遍体现的是当地的建筑语言，因此不常放到当代的建筑体系里去思考。帕利 · 菲克特建筑师工作室在一个项目中，设计了一个富有诗意和创造性的方案，以代替传统的储存干草和马匹留宿的马厩。项目基于两种对立的风格：一方面是，有节奏的严谨性和现代的永恒性；另一方面是，不断地变化和残缺之美（Wabi Sabi，是一种在不完美中发现美的日本美学原则）的乡土情结。干草作为原料构成谷仓的立面，建筑的周边都用作存储功能，整个内部空间留作马厩和安置谷仓的其他设备。秋末，刚刚割下来的干草堆叠成山，泛着绿色。随后几个月，干草逐渐干燥变黄，把它们拿去喂牲畜。这样一来，立面成为不断变化的元素，建筑本身也可以作为生命、出生和死亡的隐喻。这样的主题与季节和农业发生了密切的联系。

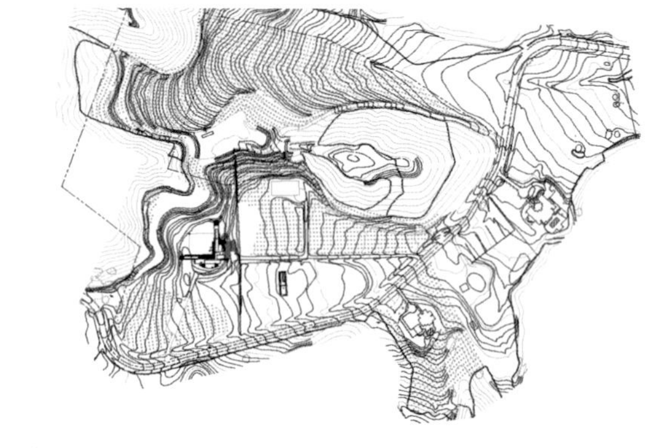
总平面图

客户： 私人

项目类型： 干草仓和马厩

地点： 加利福尼亚州，索米斯

总建筑面积： 270平方米

竣工时间： 2004年

摄影： 约翰 ·E· 林顿（John E. Linden）

加利福尼亚州，索米斯

索米斯干草仓

帕利·菲克特建筑师工作室（Studio Pali Fekete Architects）

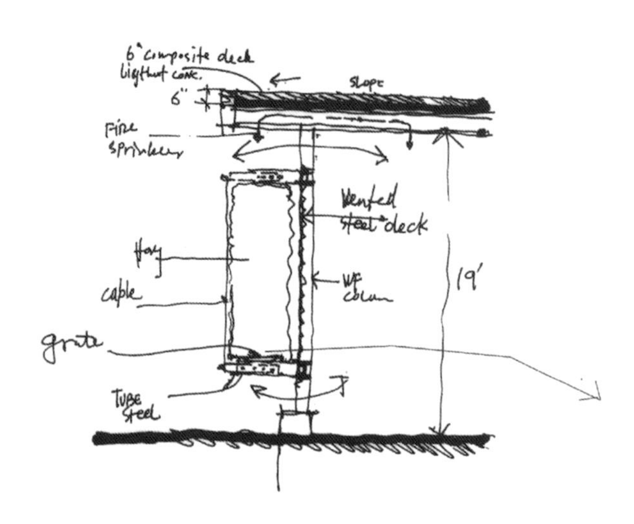
6" composite deck
slope
6"
Fire sprinklers
Vented steel deck
Hay
cable
WF column
19'
grate
Tube steel

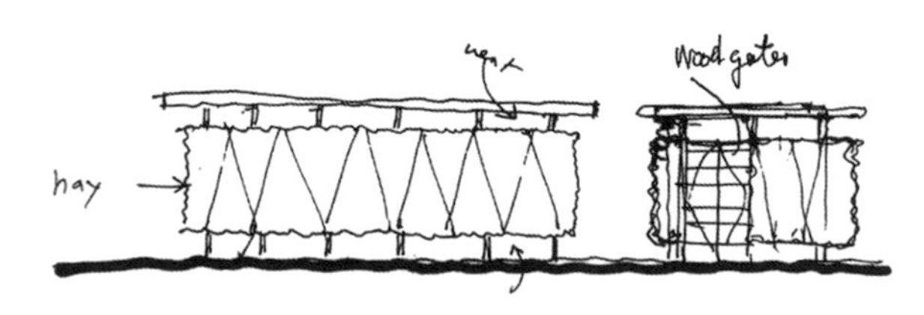
hay

初期草图

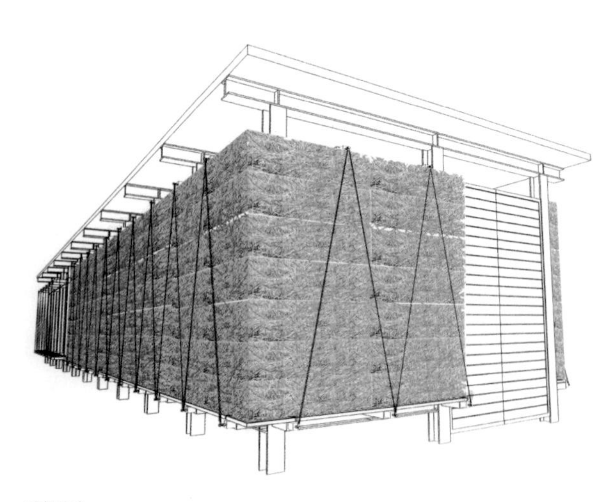

透视图

将干草堆作为谷仓立面的外墙，不仅成为有很大象征意义的建筑元素，也变成了工人们参与的一次体验。除了干草本身颜色的变化外，不断地对干草堆进行增添和减少，创造了一个动态变化的状态。为了避免与土壤中的潮湿接触，干草堆被堆放在离地面3英尺（1米）高的架子上，用金属板固定在结构柱上的架子沿着建筑物的立面展开。在寒冷的月份里，干草还能起到隔绝内外保温的作用。

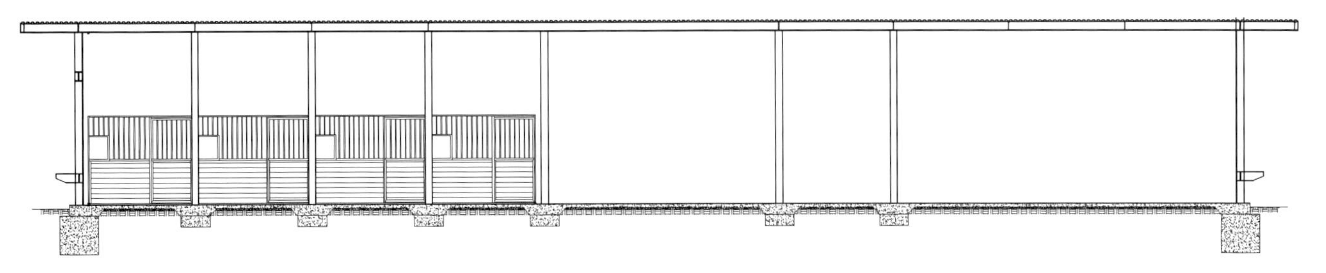

纵向剖面图

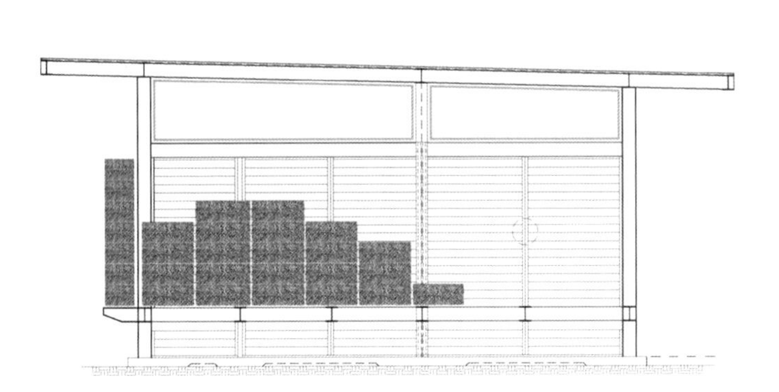

西立面图

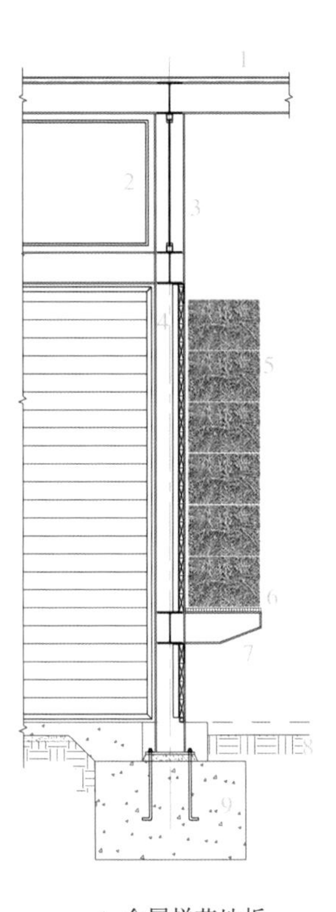

细部

1-金属拼花地板
2-条形窗
3-钢梁
4-胶合木板
5-干草
6-带涂层的钢梁
7-混凝土板
8-马厩
9-混凝土基础

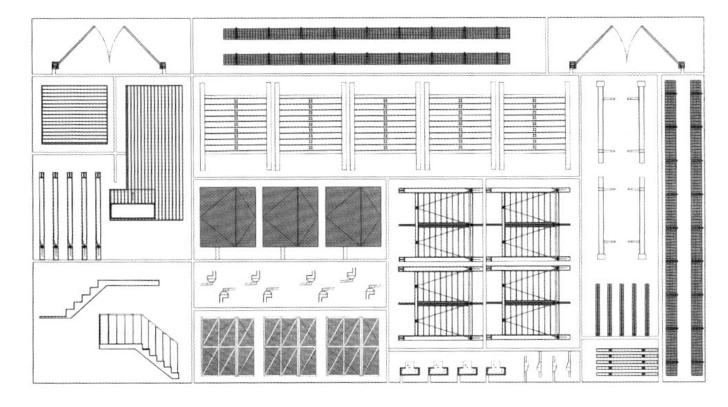

风格要素

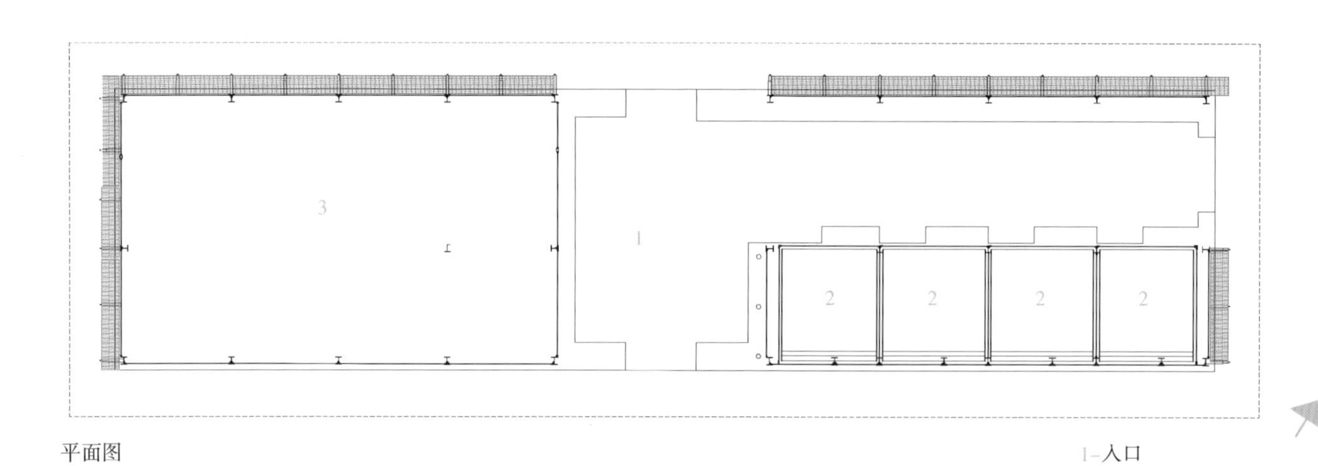

平面图

1–入口
2–马厩
3–停车位、储藏室

建筑的主入口在中间，并将整个体块分为两个相同的部分。一侧是马厩，另一侧是拖拉机车库、马具房和存放其他一些设备的地方。这些设备是用来维护建筑周围40英亩（16公顷）柠檬树林的。建筑是一个矩形的、由12平方英尺（3.65平方米）的网格组成的钢框架结构，这对于马厩来说是一个相当理想的尺寸。靠近建筑上缘的窗户保证了自然通风，同时出挑的屋檐保护干草层不受降雨的影响。

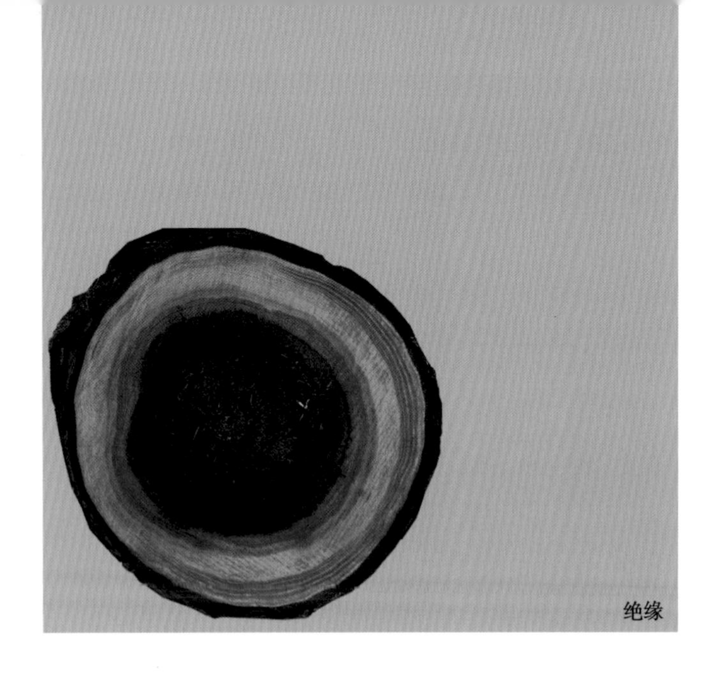
绝缘

斯菲拉大楼位于祇园，这里是京都著名的流行文化区，也是相当闻名的艺妓区。你仍然可以在众多的茶馆和私人俱乐部中瞥见身着传统服装的艺妓，这种景象是京都的象征。这里的文化和建筑传统组成了一个日本最重要的历史街区。该项目是一个文化中心，包含了美术馆、书店、设计产品的展览空间、咖啡馆和餐厅。客户的主要需求是设计一个有创意的当代作品的同时，尊重和保持与传统环境的对话。在满足内部功能需要之后，建筑师遇到了挑战。他们设计了一个包含樱桃树叶的雕刻图案的立面。这一想法是基于对自然的观察，又受到日本传统设计的启发，尤其是由竹子、木头或纸张制作而成的传统屏风。立面与主体分离，中间形成一个空气层，可以起到保温的作用。这是一项重要的节能特色。外立面嵌板的无缝排列，使得建筑形成了一个完整的外观和一个静谧的内环境。

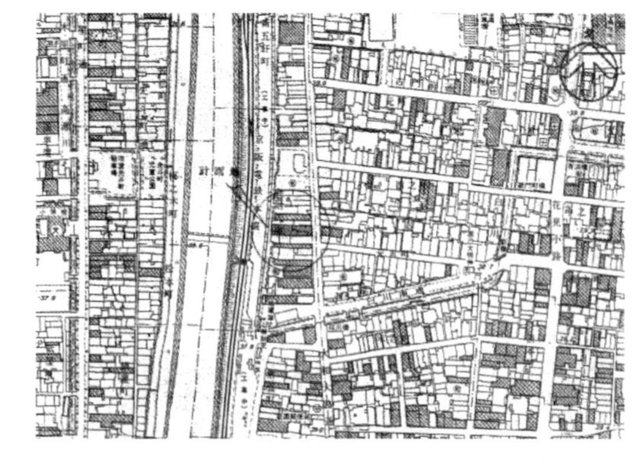
总平面图

客户：井冈和郎（Shigeo Mashiro），瑞科迪和斯菲拉公司（Ricordi & Sfera Co.）

项目类型：办公文化中心

地点：日本，京都

总建筑面积：12917平方英尺（1200平方米）

竣工时间：2003年

摄影：约翰福尔林（Johan Fowelin），北野武中田（Takeshi Nakasa），瑞科迪和斯菲拉公司（Ricordi & Sfera Co.）

日本，京都

斯菲拉大楼

柯拉松・科伊维斯托・卢恩（Claesson Koivisto Rune）

立面、公共空间和餐厅的初期草图

为了制作嵌板，樱桃树的叶子被收集起来进行随机排列、拍照和数字化，加工得到不同直径的孔洞，形成的重复图案。依据这些图案，在精钛板上打孔，最后这些钛板被安装在距内表面7英尺（2米）的铁结构上。根据光线的角度变化，建筑在一天中也不断地变化。透过孔洞的阳光投射进室内，呈现着不同的、变化着的叶子图案，产生出柔和而舒适的光线。到了晚上，金属嵌板后的绿色灯光会让建筑从内部发出亮光，犹如一盏日本大灯笼。

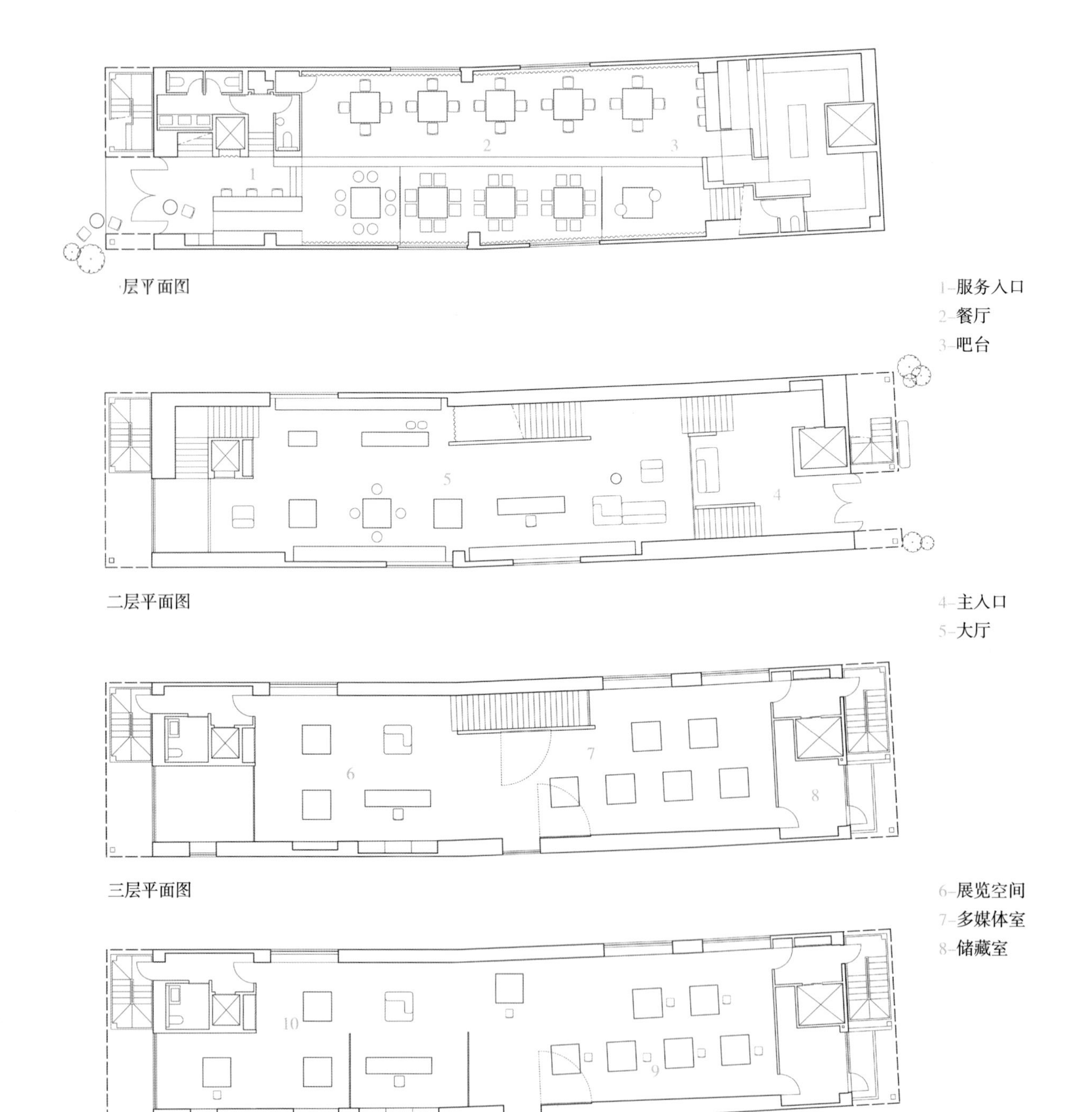

一层平面图

二层平面图

三层平面图

四/五层平面图

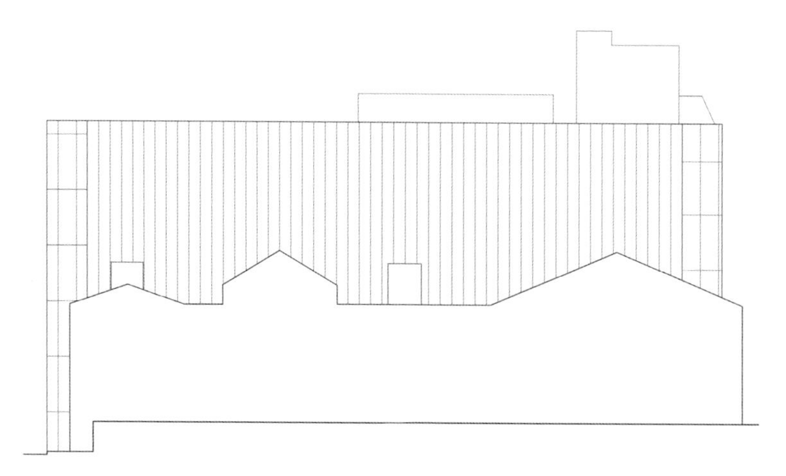

侧立面图

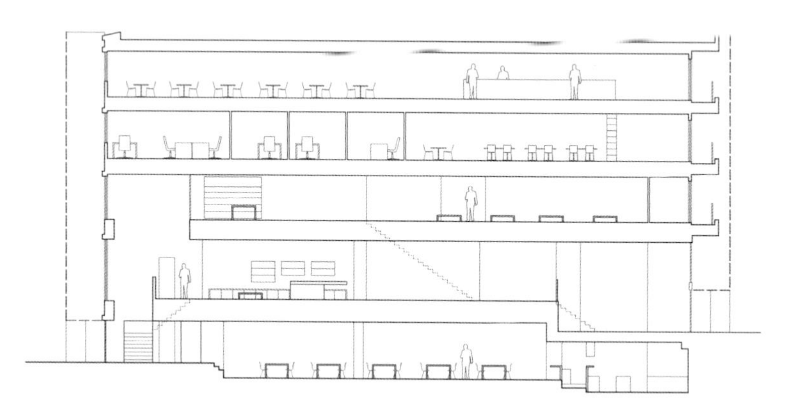

纵向剖面图

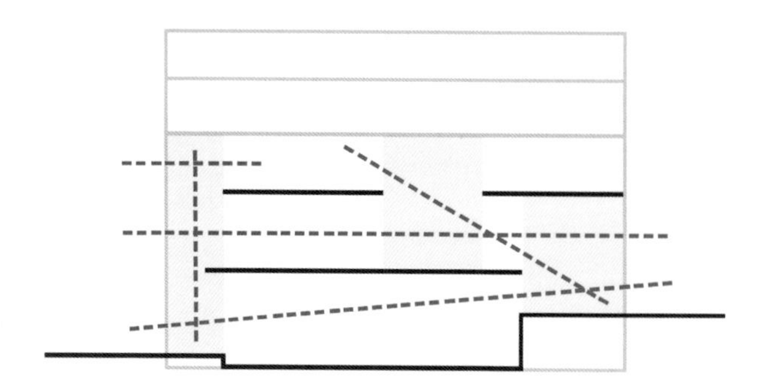

自然光分析图

虽然该项目不涉及任何结构上的难题，但是内部的功能需要仔细地规划。这种细长的体块呼应了场地狭长的比例，同时要求建筑师设计的内部空间可以利用好长边两头的自然光。内部空间像个三维拼图，让人联想到细胞结构。3层的层高，使不同的功能有机地相互渗透。楼梯穿越三层，增强了这种流动性，强调了空间的方向性。

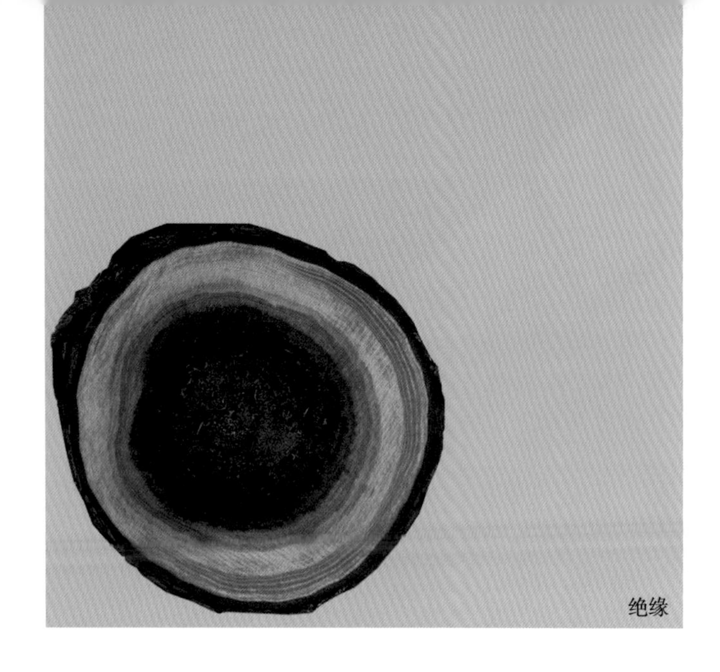

绝缘

磨坊艺术中心是位于北卡罗来纳州亨德逊威尔市中心的一个文化综合体，该项目是它的一个竞赛方案。建筑面积107639平方英尺（10000平方米），包括一个1200人的剧院、儿童博物馆，和若干艺术画廊、教室、艺术家工作室和行政办公室。建筑师结合了当地的传统建筑特点和景观，其设计概念是基于北美传统门廊（既是连接内外空间的元素又是一个美国住宅里常见的聚会空间）的特点，运用到了城市的尺度上，并且作为一个建筑元素扩展到整个建筑群，借此来鼓励在这个中心里的户外交流和活动。另外，从城市的不同角度和建筑的内部都能看到的、旨在遮阳和隔绝外部气候变化的建筑外表皮，是该方案的另一个突出特点。

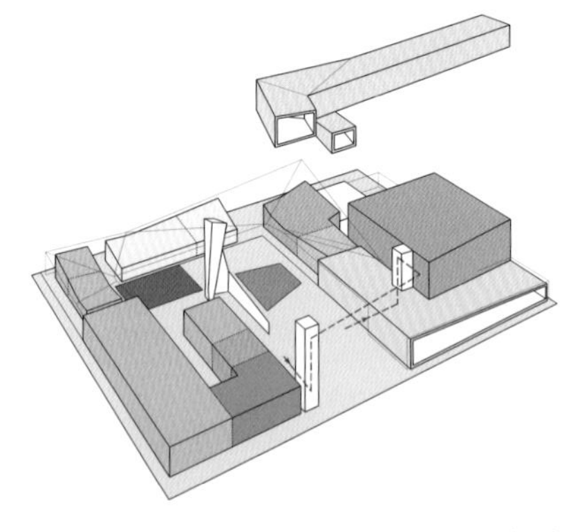

鸟瞰图

客户： 磨坊艺术中心
项目类型： 文化中心（项目）
地点： 北卡罗来纳州，亨德逊威尔市
总建筑面积： 109792平方英尺（10200平方米）
竣工时间： 2005年
摄影： 皮尤+斯卡帕事务所（Pugh+Scarpa）

北卡罗来纳州，亨德逊威尔市

磨坊艺术中心

皮尤 + 斯卡帕事务所（Pugh+Scarpa），埃斯克 + 迪梅 + 里普尔事务所（Eskew+Dumez+Ripple）

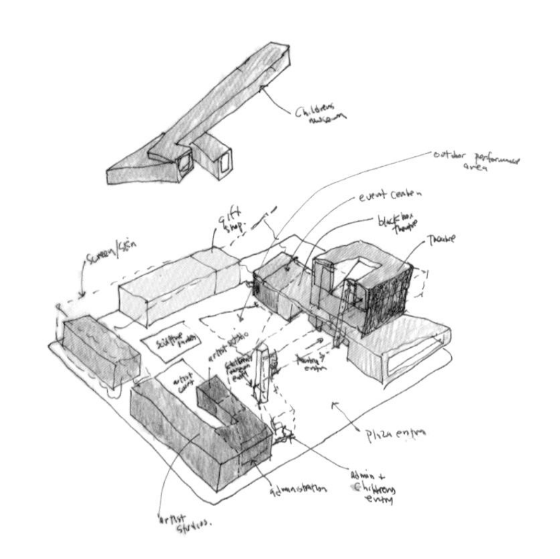

outdoor performance area
event center
gift shop.
black box theatre
Theatre
screen/sign
artist studio
artist court
plaza entry
administration
Admin + Childrens entry
artist studios.

鸟瞰草图

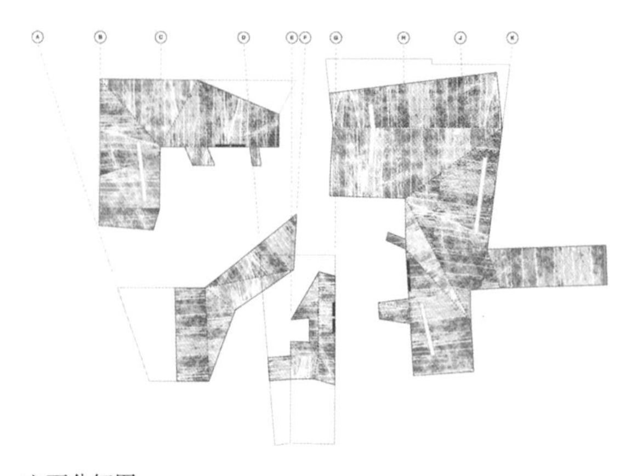

立面分解图

北卡罗来纳山脉森林限定了城区范围并且是城市景观的一个主要特征。所以建筑表皮由刻有当地树种图案的穿孔板构成。这些面板安装在了一组与建筑有一定距离的框架上，形成了一个贯穿整个建筑的门廊，在内外部之间创造了一个光线过滤器。由于穿孔面积占了金属面板的28%，所以这层表皮像一个大屏幕一样，从建筑室内还可以看到一些小的景观。

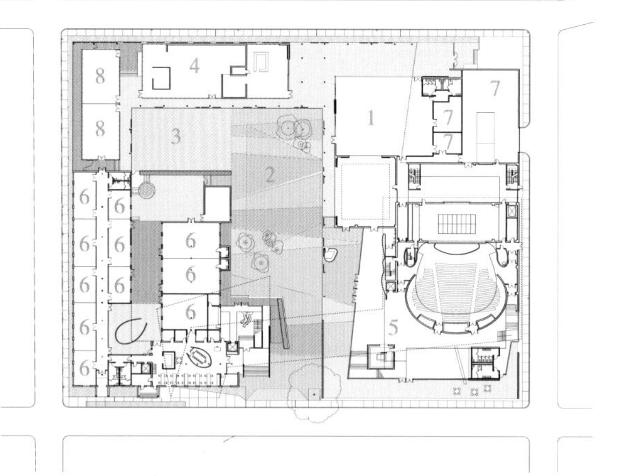

一层平面图

1–入口大厅
2–露天剧场
3–花园
4–艺术长廊
5–剧场
6–工作室
7–服务区
8–教室

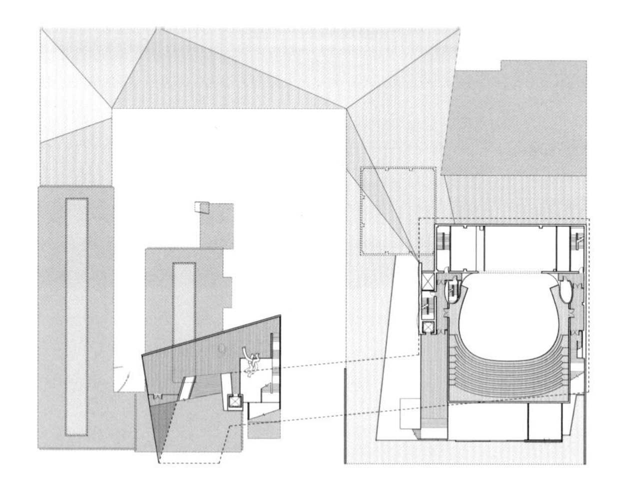

二层平面图

9–儿童博物馆

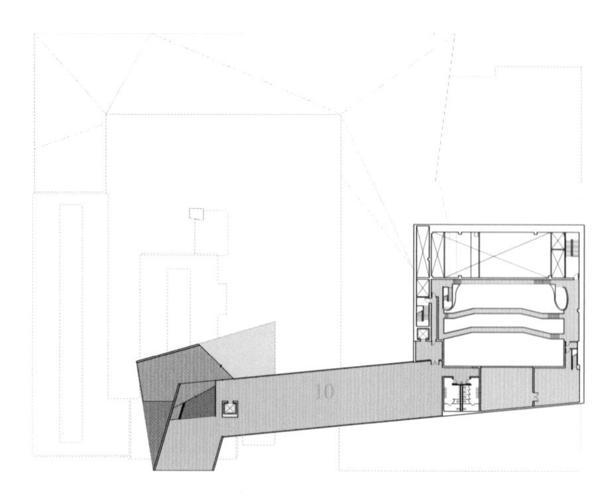

三层平面图

10–儿童博物馆

围绕外部广场和最重要的公共区域（即景观广场和露天剧场）的建筑布局，激发了不同活动之间的灵活性和交互性。一层可以容纳人数较多的活动，比如剧院、教室和画廊等，上面则是儿童博物馆。晚上，建筑表层后的灯光可以将整个建筑变成一个剧场的背景。灯光像星星一样，通过金属面板投射出来，突出了功能性、动态性和实验性。

金字塔形状　　　　再生植物

极端条件

在某些情况下，植物必须适应一些不同寻常的或极端的条件。这些情况可能是由天气引起的，也可能仅仅只是植物生活环境的一部分。这里概述的是四种不同情况下植物的适应性变化：降雪、火灾，以及水和风的影响。

风 ｜ 雪对植物的影响既可能是有害的，也可能是有益的。

金字塔形状 ｜ 树枝在雪的重压下可能会被折断，尤其是暴风雪过后紧接着刮大风。或者是冰冷的雨水落在已经积满雪的植被上。树冠不对称的树木会因雪的重量而在垂直方向折断进而导致破坏。而像冷杉那样的金字塔形树梢，可以适应冬天雪的堆积。

火灾 ｜ 火的燃烧需要燃料、氧气和引发燃烧的热源。纤维素和木质素是植物被认为高度易燃的主要成分。虽然植物是易燃的，但火灾风险高的地方，植物则进化出不同的机制来降低它们的易燃性。

再生植物 ｜ 这些植物可以因为它们根或躯干的顽强生命力而再生。绝大多数的地中海植物，在被火灾侵袭后都可以变得充满活力。虽然它们的叶子可能被完全烧毁，但只要保住了重要的组织，就可以使它们重生，使之能够抵御火灾。这可能是树皮的绝缘特性和植物的组织都在下面的原因。软木橡树就是一个例子，火灾发生后的一个月，树干和树枝就可以已经长到8英寸（20厘米）高。土壤作为一个热的不良导体，对植物土壤以下的部分也有保护作用。而橡树的果实（槲皮）从地面以上消失后，会在根部重生。

水流 ｜ 植物对强大水流的适应性基本是靠降

多裂叶　　　　柔韧性　　　　适应地形

低水流的机械阻力。

多裂叶 | 许多在河流中受到洪水威胁的植物（如芦苇），会通过形成分裂的叶片或者狭长线状的叶子，来加强它们的根部系统。某些植物甚至会形成与在水面以上不同的浸水叶子，如同毛茛属植物的叶子，在水下被高度地分裂开，但漂浮在水面上的则呈扁平状和三层状。

柔韧性 | 在一些季节性洪水泛滥的地方，特别柔韧的灌木是很常见的。这些植物，尤其是那些柳树，洪水经过时倾倒而不折断，并且在洪水过后能恢复原状。

不抵抗 | 另一种可以让植物在强水流中存活的非常策略就是无抵抗。随着水流漂到静止的水面。小浮萍就是一个例子，它漂浮在水上，根部也保持漂浮不与底部固定，保证了它的流动性，这在植物王国里极少见的。

强风 | 抵抗强风的策略与对抗水流的很相似，但也需要把不同的因素考虑在内。

适应地形 | 适应地形是一种与植物在水流和狂风所中采取的相似的适应策略。通过对地形的适应，植物可以创造最小的阻力，不会被折断和干瘪，并且可以安然无恙地生长。像松木或黑松的树种，在它适宜的环境下可以长成好几码的高度，而在海拔高的地方则会长成低矮的灌木。

随风移动 | 沙丘和沿海的植物能够抵抗住咸咸的海风的拍打，是攀爬类的另一个例子。在刮风频繁的地区，某些植物利用风力作为一种运输方式。风滚草或刺芹类植物尤为特殊，它们经常出现在描绘美国西部的电影中，秋天它们的茎与根分离，踏上开拓新领土的旅程。

金字塔形状

这个为登山者建造的小型营地，是意大利特斯卡山谷和斯洛文尼亚布雷金斯基科特两个地区之间进行探索和交流计划的一部分。由欧盟的PHARE基金资助的这个计划，意在推广和发展小型贸易，刺激欧盟不同文化区域之间的交流。除了这个避难所，项目还包括了信息中心、骑行和徒步旅行。该项目的目标是在这条路线的重要节点上，建造一栋徒步旅行者的营地。阿尔卑斯山的建筑，通常被人们与尊重自然环境，对特定的、恶劣的气候条件以及水资源的缺乏，具有高度抵抗能力的独立建筑联系在一起。项目没有采用高科技，而是通过对技术的详细研究，形成了一个简单经济的方案。与结构工程师的密切合作对于设计这种条件下的建筑是至关重要的。项目基于对周围地理位置和地形的清晰认识，选址得当，并采用了正确的形式、结构和施工方法。

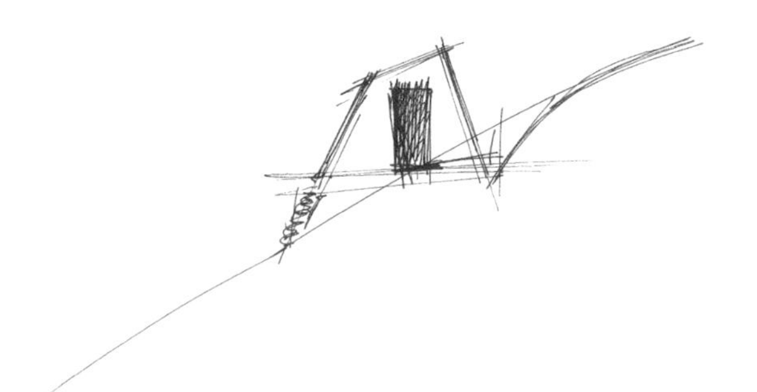
初期草图

客户：布雷金旅游发展协会

项目类型：登山营地

地点：斯洛文尼亚，斯托尔山

总建筑面积：118平方英尺（11平方米）

竣工时间：2002年

摄影：布拉兹·布达（Blaz Budja），米哈·卡泽尔杰（Miha Kajzelj）

斯洛文尼亚，斯托尔山岭

山区营地

米哈·卡泽尔杰（Miha kajzej）

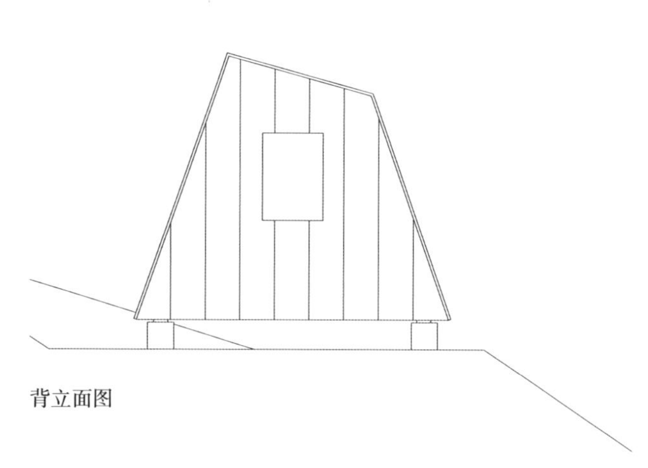

背立面图

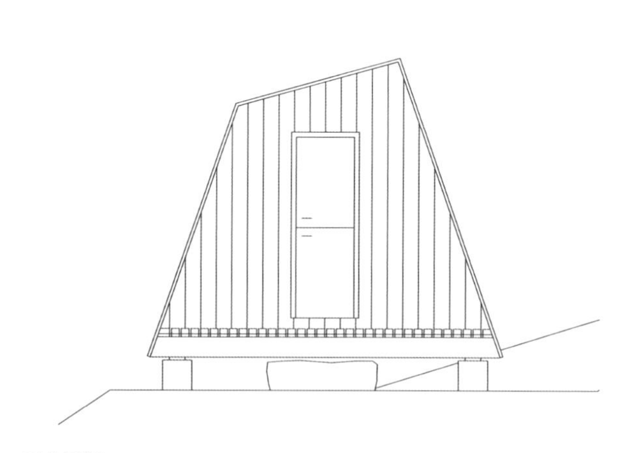

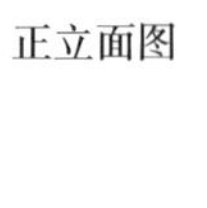

正立面图

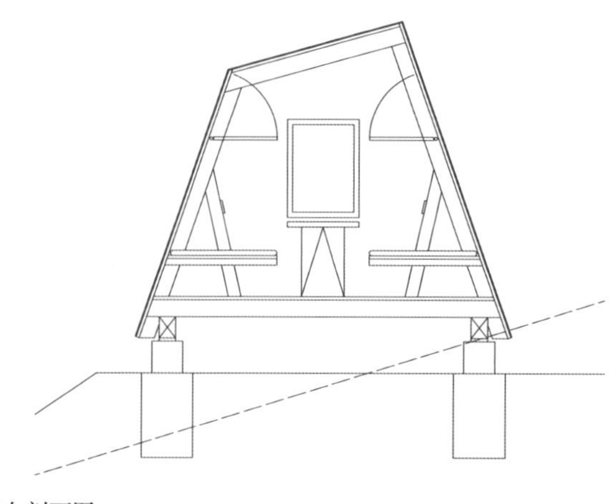

横向剖面图

营地坐落在一个小山顶上，一条小径与山脉相交，两侧开挖了护坡以保护建筑。朝向小路的是入口和屋顶。选址使建筑很容易适应地形和免受狂风的影响，并具有全景的视野。建筑的造型适应了山的形状和风向，可以防止雪的堆积，并有助于消除积雪。符合空气动力学营地的造型一设计出来，就被两名登山者预制安装在了现场。

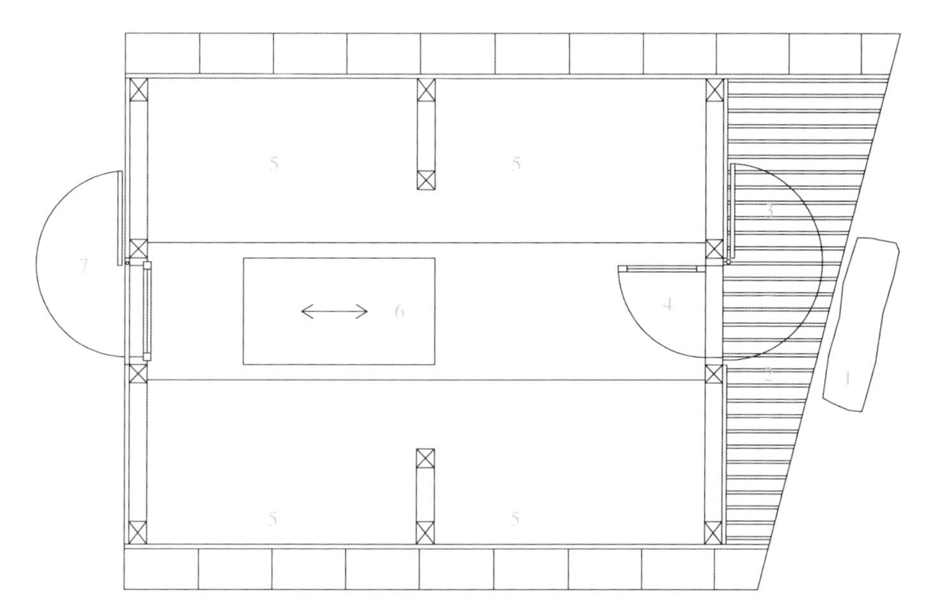

平面图

1-石阶
2-露台
3-外门
4-内门
5-铺板
6-折叠桌
7-后窗

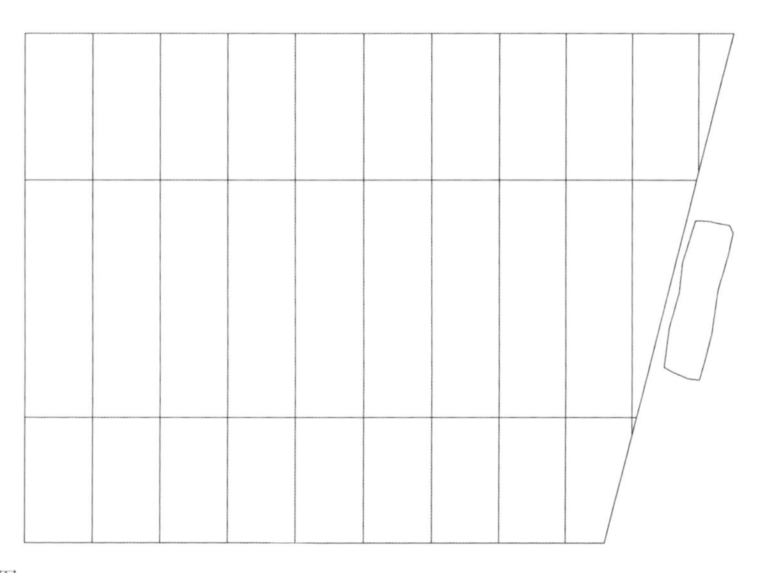
屋顶平面图

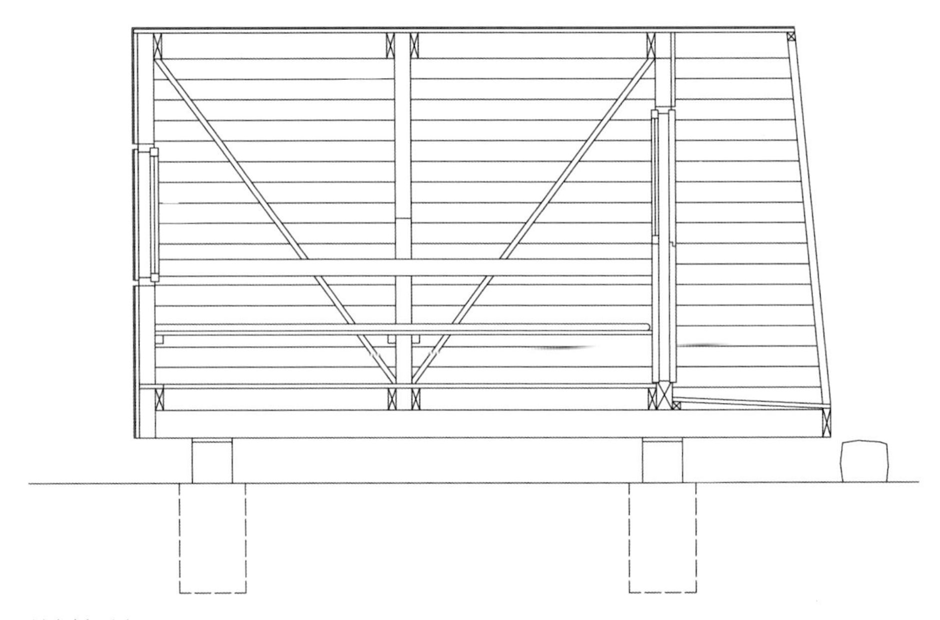

纵向剖面图

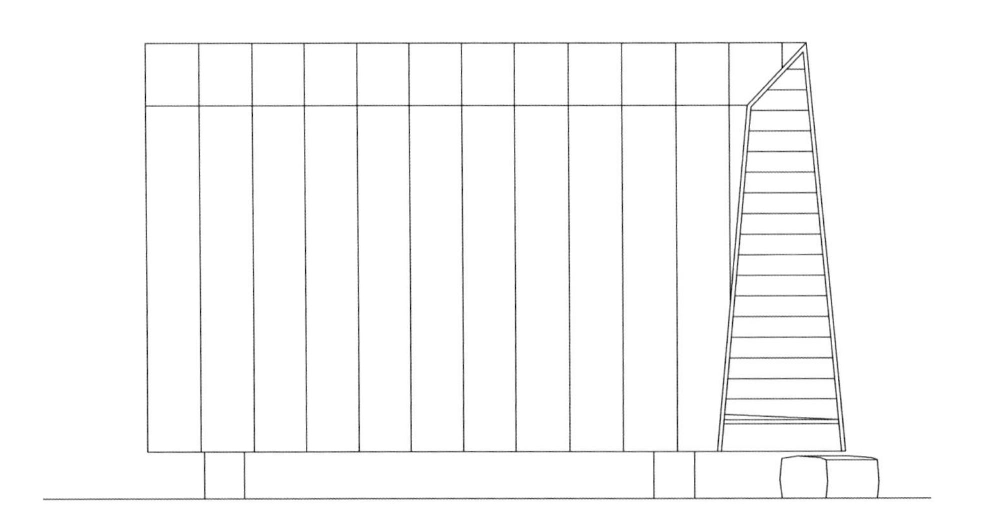

立面图

在完成了基于传统营地帐篷的变形之后，建筑外观的设计问题就得到了解决。而室内设计也必须符合相关基本特征：用最小元素和建筑材料创造最大的可用空间。室内中两个长椅分别沿着建筑的长边放置，可以用作登山者的睡榻。中间桌子的功能是工作台和就餐。强度足够的铝板覆盖在绝缘的、给人温暖感觉的木制材料的外面。这种简单高效的形式，可以作为以后在类似气候条件的地点建造相似项目的范例。

这座建筑所在的新墨西哥州阿比库地区，以其具有的极端条件成为一个特别引人注目的地方。它坐落在由查玛河形成的半沙漠化山谷中，夏季的高温和冬季的强降雪主导着这个山谷。温度的急剧变化和该地区的地形产生了连续而猛烈的风，阻碍了植被的生长，除了适应严酷气候的灌木，很少长到3英尺（1米）以上的植物。这座建筑的名字——湍流，揭示了设计的主要特点。该项目的目标是创造一座通过设计可以允许风通过而不影响建筑的结构。所处的高原成为了这座建筑的基座，使其具有令人震惊的效果。扭曲的形体由复杂的3D程序设计而成，它包含了一个从建筑一侧到另一侧，强风可以穿透的大洞。白色的铝板很容易适应空气动力学的结构设计，并且获得高度的绝缘，大大降低了建筑的能耗。

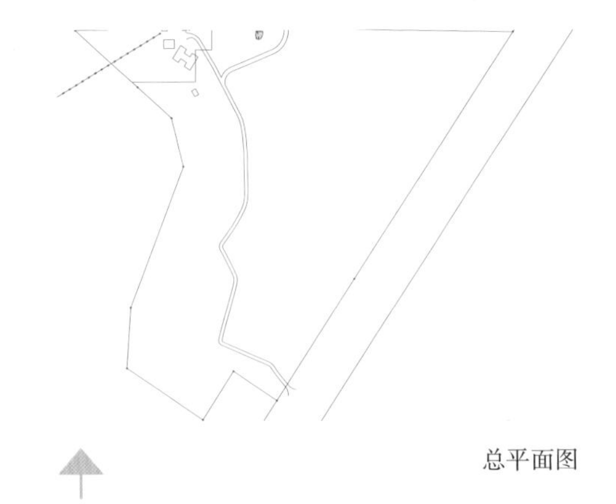

总平面图

业主：私人

项目类型：独栋住宅

地点：新墨西哥州，阿比库

总建筑面积：2906平方英尺（270平方米）

竣工时间：2003年

摄影：保罗·沃霍尔（Paul Warchol），斯蒂文·霍尔建筑师事务所（Steven Holl Architects）

新墨西哥州，阿比库

湍流住宅

斯蒂文 · 霍尔建筑师事务所（Steven Holl Architects）

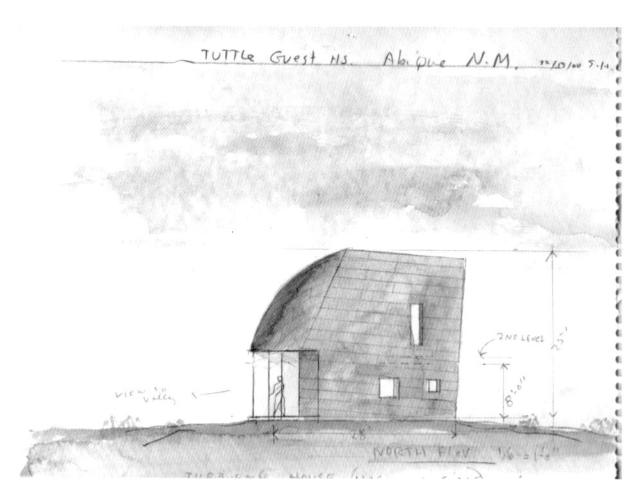

TUTTLe Guest Hs.
N.M.
2ND LEVEL
25'
8'-0"
VIEW to Valley
28'
NORTH ELEV

5°
5°

初期草图

借助三维设计程序研究该地区典型的风力变化，来设计建筑的结构框架。位于堪萨斯城的A·扎纳（A.Zahner）公司负责金属部件的预制，这些部件将在现场以最短的时间和尽可能少的工人组装。这样，对周围的干扰和影响就会降到最低。屋顶部分覆盖着光伏板，每天平均产生1千瓦时的电力，足以满足建筑基本的电力需求。屋顶上还留有足够的空间安装额外的面板，每天可产生高达3千瓦时的电力。

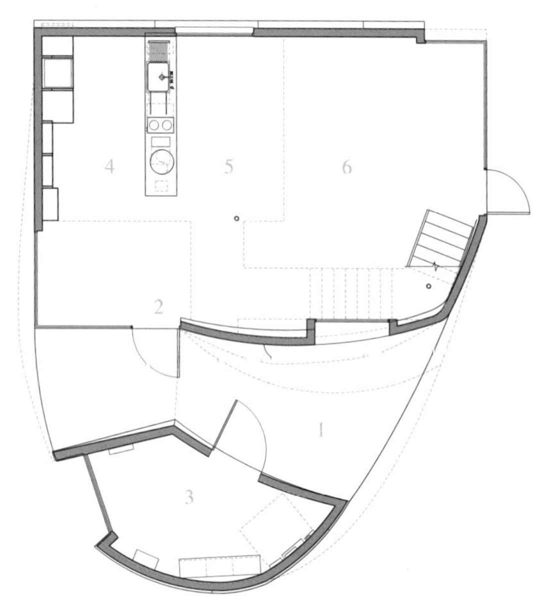

一层平面图

1–外部庭院
2–入口
3–储藏室
4–厨房
5–餐厅
6–客厅

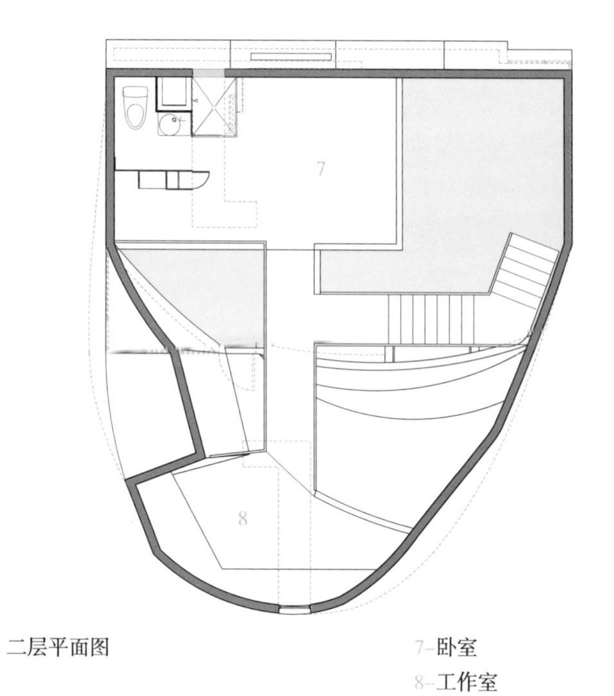

二层平面图

7–卧室
8–工作室

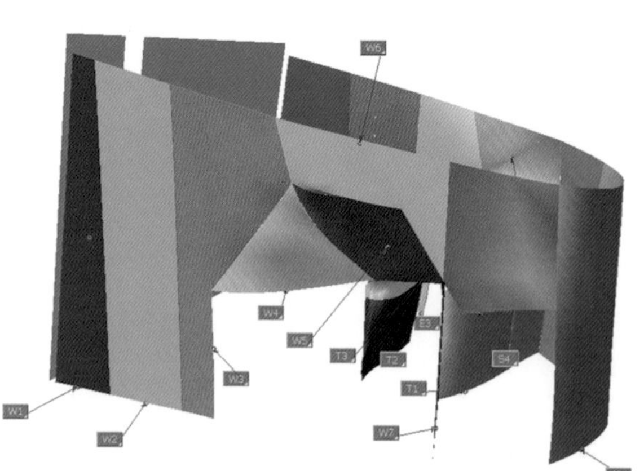
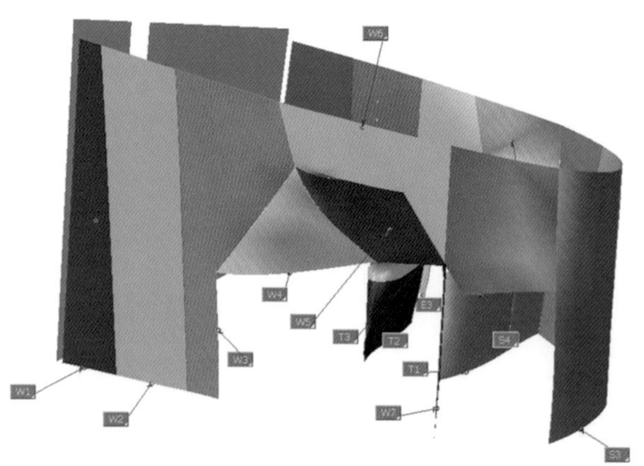

3D模型

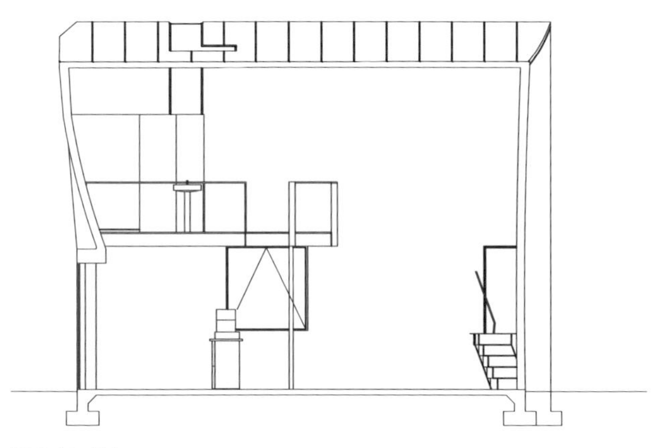
横向剖面图

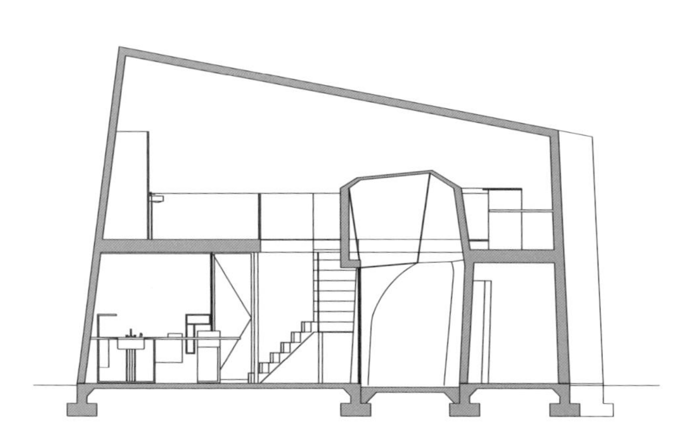
纵向剖面图

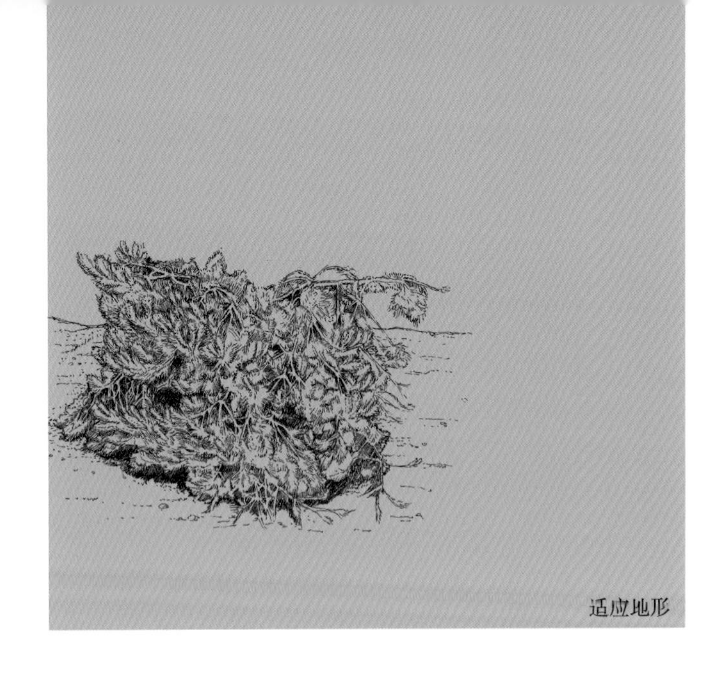

适应地形

北冰洋中的斯瓦尔巴特群岛位于挪威的最北端，由于气候恶劣，常年降雪，在它众多的岛屿上只有三个岛屿有人居住——矿工和渔民。虽然北大西洋暖流使北极地区变暖，并在一年中大部分时间保持水域的清洁和通航，但是这个群岛的60%仍然被冰川和雪所覆盖。斯瓦尔巴特群岛位于北极圈北部，这意味着每年从4月20日到8月23日的极昼现象，和从10月26日到2月15日的极夜现象。这个项目的方案是由一场公开竞赛产生的，它包括一个扩建项目——将朗伊尔城现有的大学建筑和研究中心的规模扩大四倍，形成一个新的博物馆。这座建筑是到目前为止群岛上最大的建筑。为了使项目适应如此艰难的环境，设计采用了不同的策略，一种就是将整个建筑抬高到柱子上，以防止建筑周围的霜冻融化。用于结构和面层的主要材料是木头，因为它具有绝缘的性能，而外部的铜面层提供了额外的绝缘并适应建筑的几何形体。

总平面图

客户：斯坦贝格（Statsbygg，挪威公共建设和财产理事会）

项目类型：大学和博物馆

地点：挪威，斯瓦尔巴特，朗伊尔城

总建筑面积：91493平方英尺（8500平方米）

竣工时间：2005年

摄影：尼尔斯·彼得·戴尔（Nils Petter Dale）

挪威，斯瓦尔巴特，朗伊尔城

斯瓦尔巴特群岛研究中心

雅蒙德 / 维吉斯建筑师事务所（Jarmund/Vigsnæs Architects）

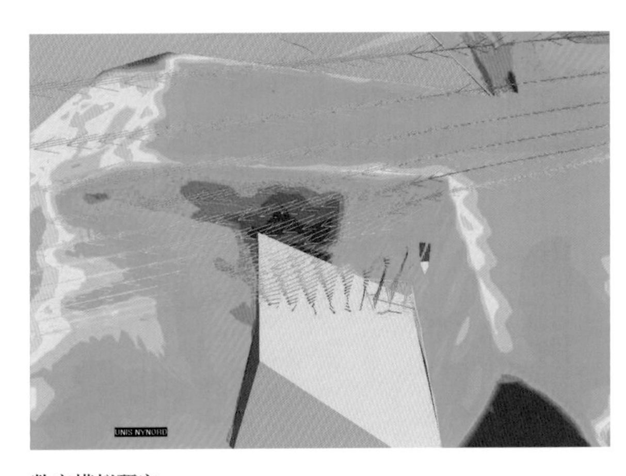

数字模拟研究

建筑的形体适合风和落雪，绝缘的面层包裹了整个建筑。为了应对恶劣的气候，建筑师利用数字模拟再现了风的影响、雪在建筑关键区域的堆积、日照的影响范围以及其他决定因素。在设计过程中，为了适应气候和其他因素的变化，对面层进行了形式和尺寸的修改。数字3D模型和整个建筑1：50的模型帮助建筑实现了完全适应环境，并将其所处的不利气候转变为设计的基本主题。

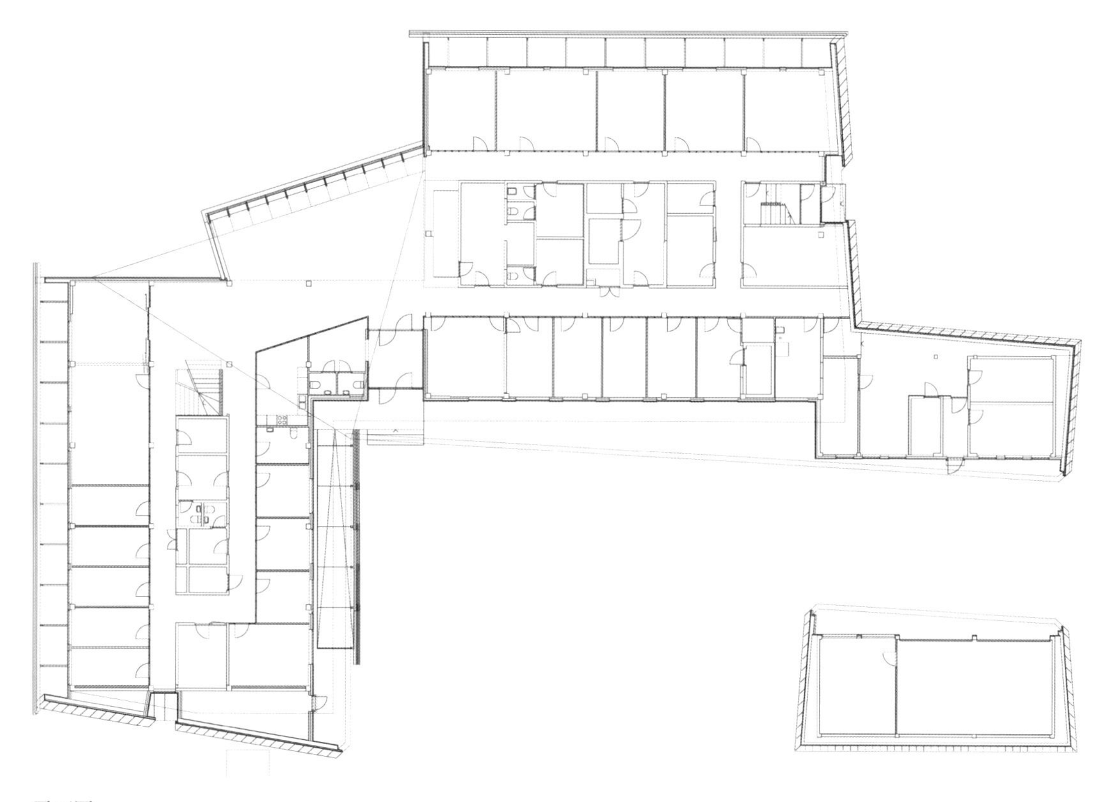

平面图

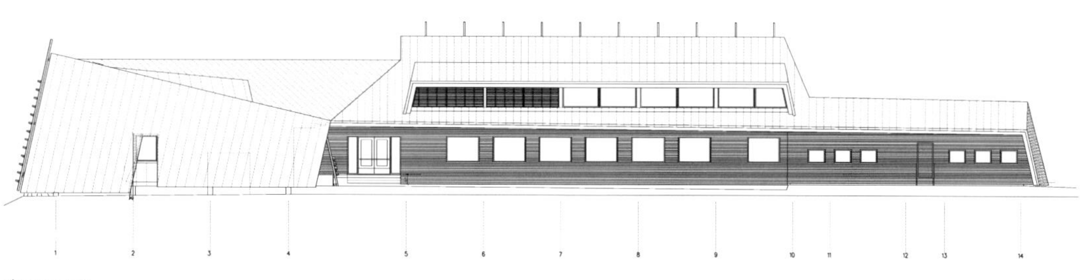

东立面图

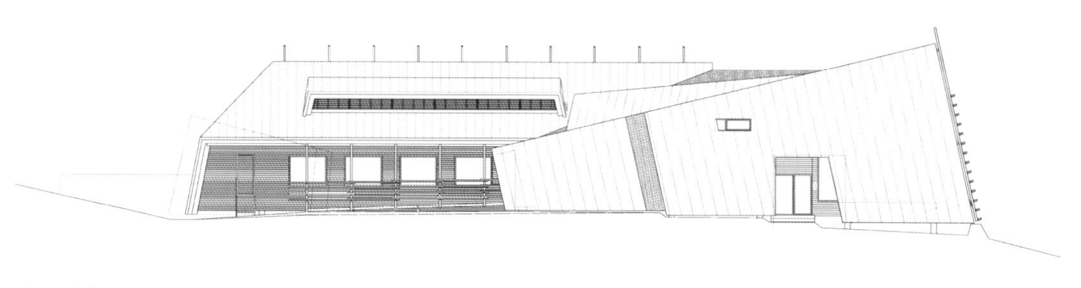

西立面图

这个项目的一个挑战是要形成一系列活跃的公共空间和连接不同区域的交通空间。这些分区即使在一年中最冷的几个月也应具有舒适度和活力。这座建筑被设计成一个明亮而温暖的室内空间，在黑暗和寒冷的冬季是一个聚会的场所。用来划分室内空间的松树提供了温暖的气氛，也与建筑复杂的几何形体相适应。使用明亮的颜色——这在自然环境中并不常见——也有助于达到建筑师追求的空间品质。而交通空间，除了以最有效的方式连接不同的分区，也被设想成可以舒适避风的地方。

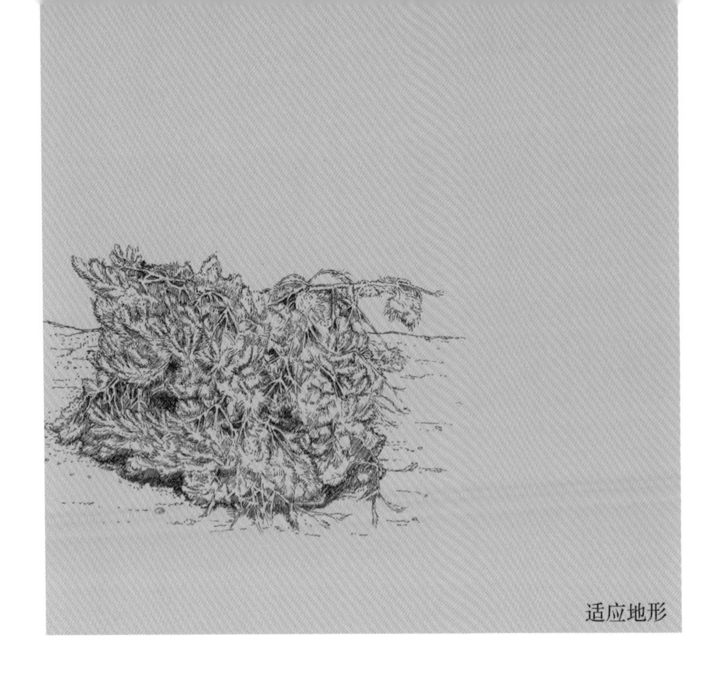
适应地形

欧洲南方天文台（ESO）是由欧盟11个国家赞助的设施，它致力于天文学研究并负责超大望远镜（VLT）。这是一系列四个望远镜，它们独立或共同工作，构成了世界上最强大的地面望远镜。望远镜和研究中心的装置位于智利阿塔卡马沙漠北部的帕拉纳尔山顶部。本项目则位于山下的谷底，是全年访问该地的科学家和工程师的住宿地。该地区恶劣的气候是设计的决定性因素。阿塔卡马被称为世界上最干旱的沙漠地区，一部分原因在于它的纬度和作为大西洋与亚马孙潮湿气流屏障的安第斯山脉。事实上，阿塔卡马沙漠最中心区域经历了长达四百年的无雨期，是一个阳光强烈、极度干燥、高速风、温度波动明显和地震风险高的地方。鉴于此，该项目将成为酒店客人休息和放松的一个绿洲。

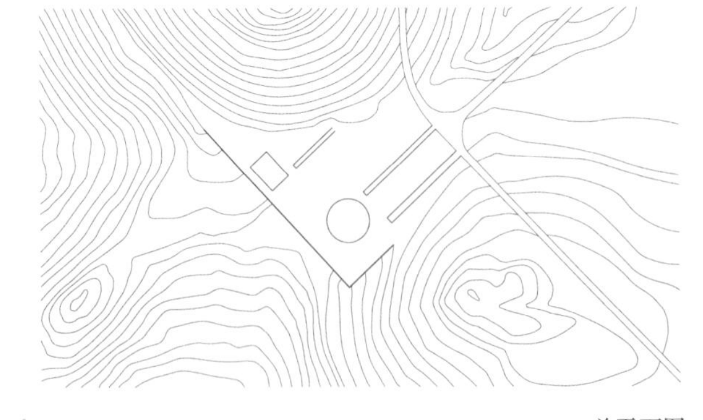
总平面图

客户：欧洲南方天文台

项目类型：酒店

地点：智利，塞罗帕拉纳尔

总建筑面积：129167平方英尺（12000平方米）

竣工时间：2002年

摄影：罗兰·哈贝（Roland Halbe）

智利，塞罗帕拉纳尔

欧洲南方天文台酒店

奥尔 + 韦伯建筑师事务所（Auer+Weber Architekten）+ 阿索齐埃尔特

全貌

该项目的主要目标是对环境产生最小的影响，并通过消除该地的极端天气影响为居住者提供轻松的环境。129167平方英尺（12000 平方米）的大体量嵌入到场地中扮演人工支撑墙的自然凹陷中。建筑的大部分埋在地下，既没有遮挡令人惊叹的太平洋景色，而又获得了隔热保护，达到了防止剧烈的温度变化和强风的作用。该项目强调了地形的自然特征，与位于山顶望远镜的高科技景象形成了鲜明对比。

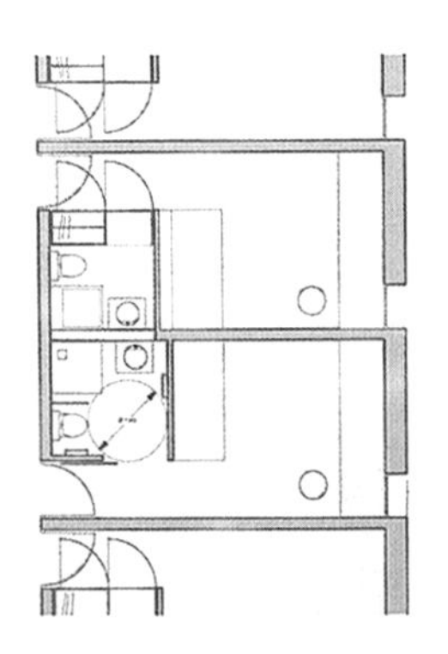

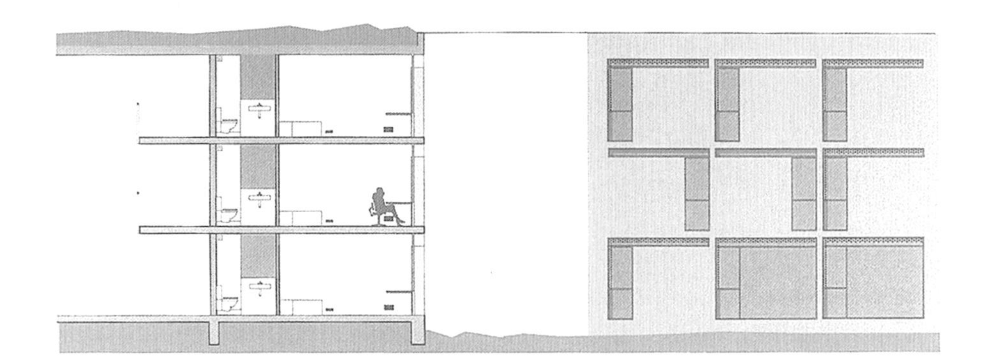

平面图、剖面图和立面图

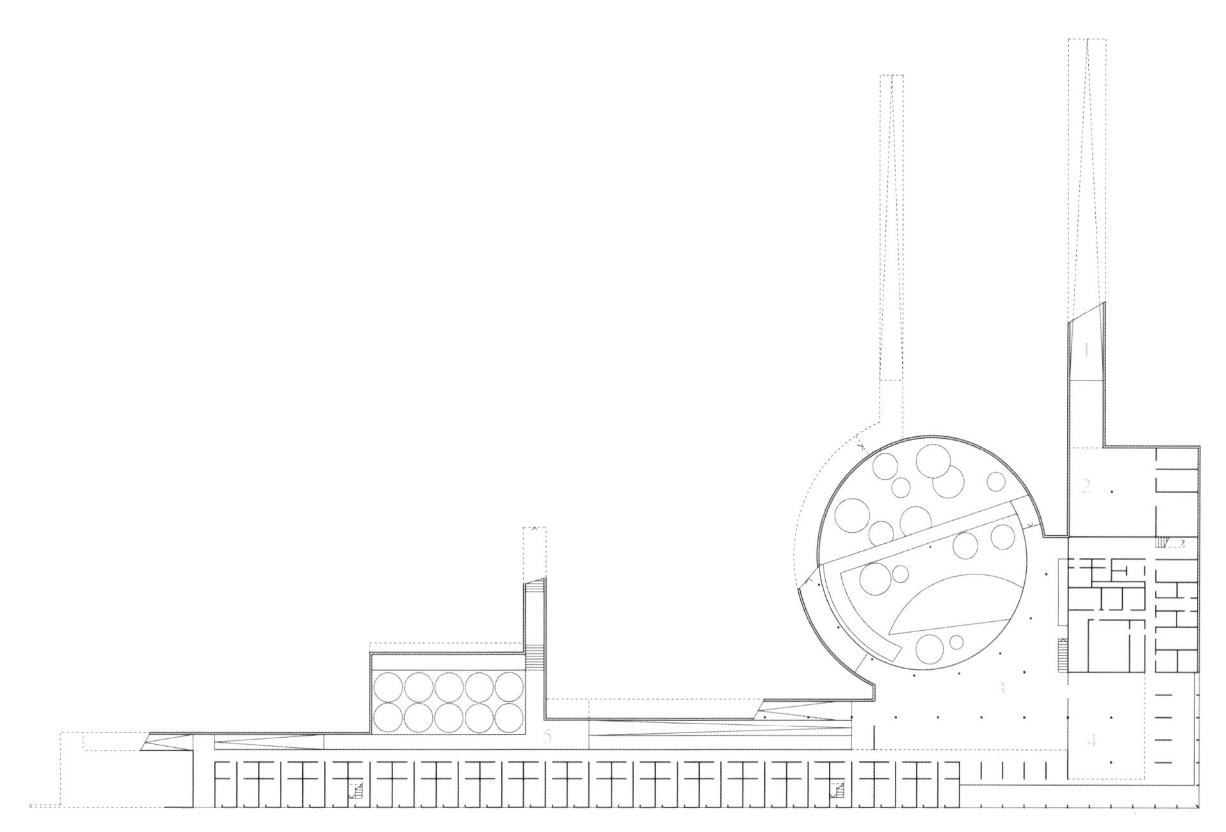

底层平面图 1–入口
2–接待区
3–大堂
4–水池
5–客房

6–内部庭院
7–图书馆
二层平面图 8–客房

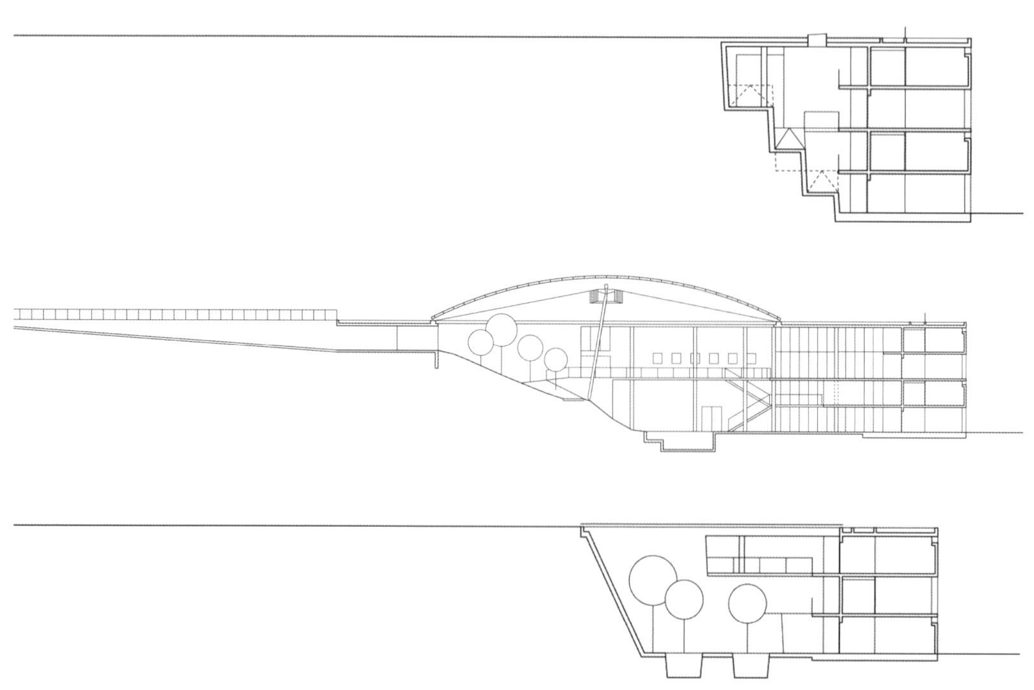

横向剖面图

酒店拥有120间客房，一间酒吧、休息区、游泳池、健身中心和图书馆。位于屋顶的入口平台与周围环境完全融为一体，唯一能够体现不是全地下结构的元素是一个高出地面的玻璃穹顶。直径为115英尺（35米）的钢骨架支撑着半透明的玻璃穹顶，形成了一个大型中央庭院，酒店的各种活动都围绕着这个庭院。公共区域聚集在中间，而位于建筑长边的客房则可以望向广阔的沙漠，是这个设计的核心。

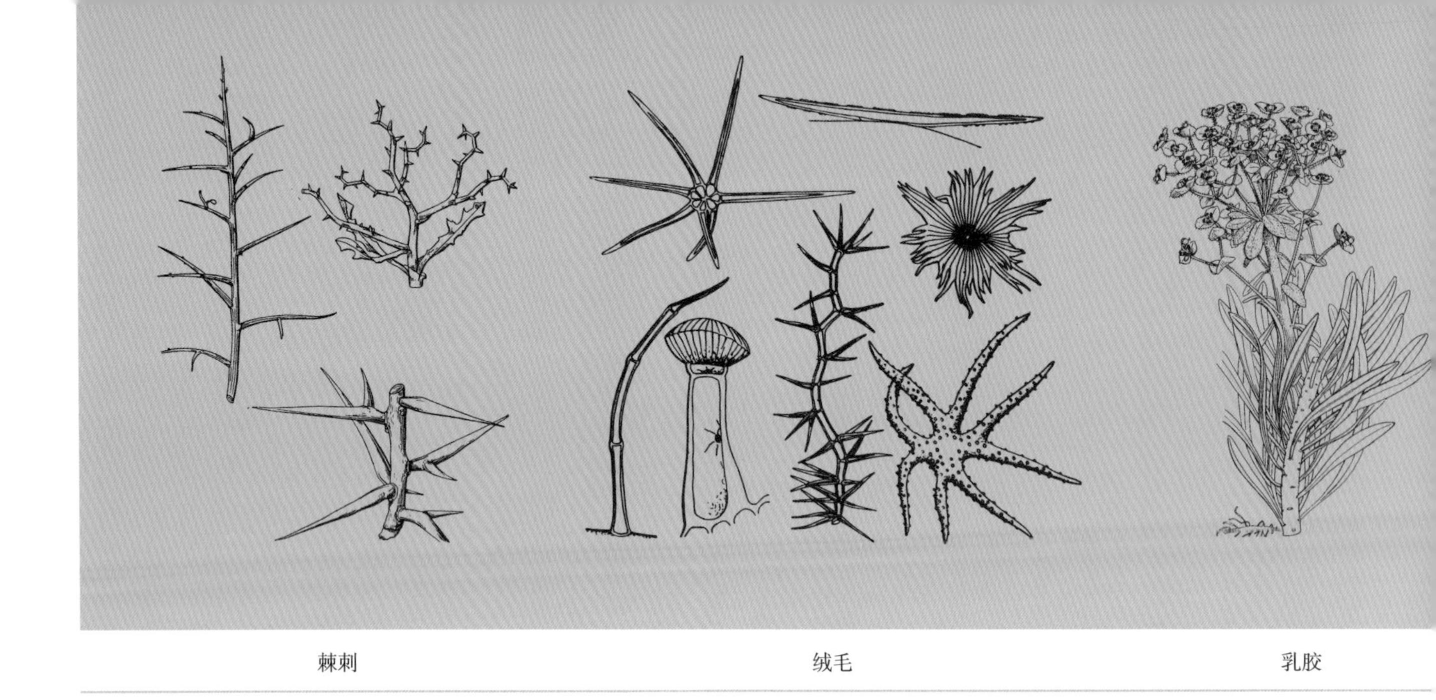

棘刺　　　　绒毛　　　　乳胶

防御

为了生存和确保物种的延续，植物必须为了占领土地而奋斗，保护领地对其而言性命攸关。面对来自脊椎和无脊椎食草动物的广泛威胁，植物已经进化出一系列物理和化学的防御机制。

棘刺 ｜ 植物上的棘刺和尖刺可以阻止动物接近，从而避免受伤的危险。有棘刺的植物的例如金雀花、玫瑰和黑莓。通常来说，许多植物的刺会随着体内诸如钙或硅等的无机晶体物质的积累而变硬。为了有效，刺棘必须锋利并且坚硬到足够穿透动物的皮肤。有些植物的叶子本身就采用一种尖窄、圆刺或尖刺的形式，就像小檗属植物（刺檗）那样。在其他情况下，一株植物可能只有部分叶片采用了刺状的形式，例如冬青或大红栎。以圣栎树为例，在圣栎树幼小的时候，会生长出多刺的叶子，这是因为幼年植株小且脆弱，无法保护自己不受捕食者的伤害。在生长过程中，圣栎树渐渐只保留最接近地表的叶子上的刺，而其余的叶子则呈圆形，并且不再多刺。

绒毛 ｜ 许多植物都已进化出了抵御昆虫的机制，它们通过产生一种不适的味道，或者致敏物质和毒性生物碱来抵御昆虫的攻击。这一现象主要归功于植物外表皮上存在的细小毛发——绒毛。绒毛能分泌对昆虫和其他掠食者有害的物质，并且会刺激人的皮肤。一个广为人知的例子是大荨麻或小荨麻，它们的毛状体中含有刺激性的化学物质。同样地，由于棉花和大豆的叶子拥有大量绒毛，所以也能够抵御草蜢和其他掠食者。

乳胶 ｜ 乳胶是许多植物产生的另一种驱虫剂。这是一种白色的、黏稠的乳剂，内含悬浮的橡胶分子、生物碱和萜烯微粒。在多数情况下，乳胶是有刺激性且令人讨厌的。世界上总共有20科、大约一万二千种

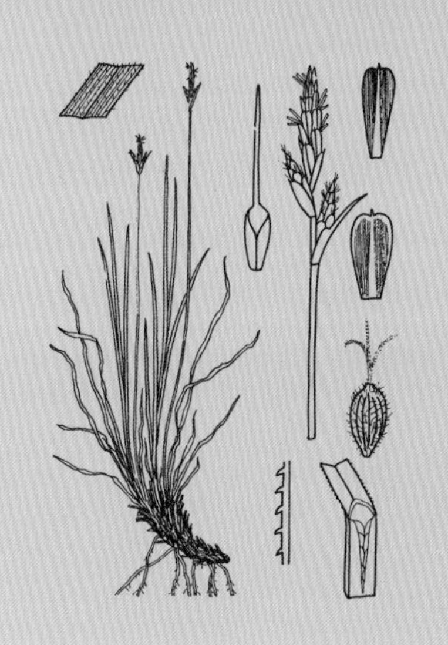

二氧化硅

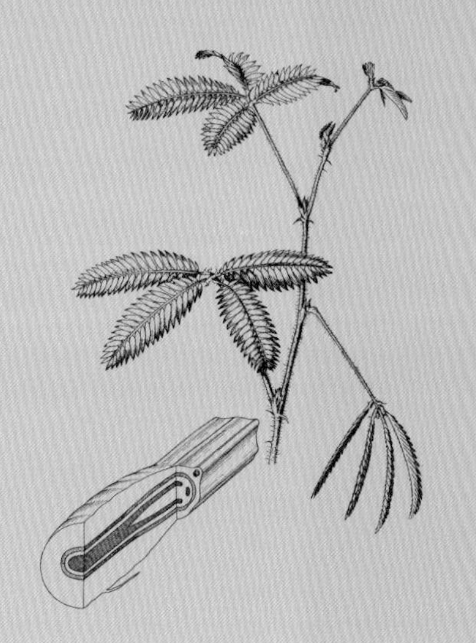

含羞草

拟态

植物的会产生乳胶，包括黑莓和大戟科植物。芳香精油的存在，不仅使植株味道特殊无法食用，还使得它们拥有强烈的气味，这样也能阻止掠食者吃掉植物的叶子，地中海的芳香植物就是典型的例子。

二氧化硅 | 禾本植物的叶子和茎中聚集了大量的二氧化硅，这种物质会对食草动物的牙齿造成显著的磨损，从而帮助植物抵御掠夺。它们的叶子能从植物的根部开始生长，而不是像大多数植物那样生长在顶端，这样即使被砍倒，它们也能够重新发芽。

共生 | 与食草动物共生是一种有趣的防御机制，某些植物能够与某些食草动物建立互助互惠的关系。例如植物产生的花蜜等甜味物质，能吸引以花蜜为食的蚁群。作为回报，蚁群保护植物免受其他食草动物的攻击。

含羞草 | 植物很难通过隐藏叶片来避免被食草动物攻击，因为它们必须时刻伸展叶片以捕捉必要的阳光来进行光合作用。然而，某些植物已经成功地解决了这个困难，像含羞草，它能够对来自昆虫的直接接触做出反应，诸如将叶子向上折叠，并将其自身收缩成一束枝条，从而使昆虫失去兴趣。这种现象是由位于叶底的特定细胞的膨胀产生的。

木质化 | 木质化组织不仅为植物提供了隔离防护和结构的刚度，而且保护了植物最脆弱的组织不受掠食者的侵害。

拟态 | 最后，值得一提的是，拟态虽然在动物界中更为常见，但在植物世界中也着实存在。拟态是一种防御机制，植物通过伪装能够一定程度上或完全地融入周围的环境中。这种进化出的特性是使其永久性或者暂时性地无法被捕食者发现。植物的拟态有两类，完全消失或者变成一个对敌人来说毫无胃口的东西。例如一种球形的沙漠仙人掌（米里奥斯沙漠仙人掌），其表面为灰色裂纹状，它和周围的岩石非常之像，甚至下雨时它的颜色也会和石头一样变深。

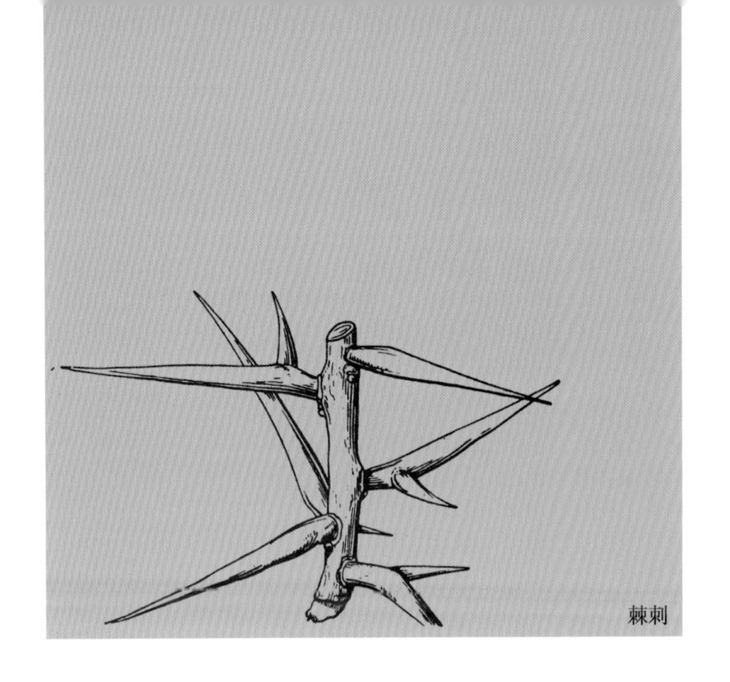
棘刺

荷兰驻波兰大使馆新馆的选址非常靠近华沙的瓦津基公园。华沙的城市特点在于富有田园气息，并且建造有大量的住宅和大使馆。受荷兰外交部的委托，该项目将大使馆和大使府邸并入同一组建筑内，并旨在体现开放和透明的概念。设计的挑战在于协调大使馆所必需的形象、坚固和安全等严肃问题，并希望能将建筑融入周围的环境。这附近，唯一的一座历史建筑是由荷兰巴洛克建筑设计师蒂尔曼·凡·加梅伦（Tylman van Gameren）建造的，他的作品曾在17世纪对波兰建筑产生了巨大影响。他尤其擅长将繁复的巴洛克风格转译为一种相当质朴的形式，正因如此，他的作品被作为此次新使馆设计的参照。大使馆和大使府邸是两个各自独立对外的建筑，它们之间通过一个带有植物图案的、将整个建筑包围起来的装饰门连接。这个有机元素有时与建筑分离，有时又是立面的一部分；既是安保的重要组成部分，也是建筑与自然环境之间点缀性地连接。

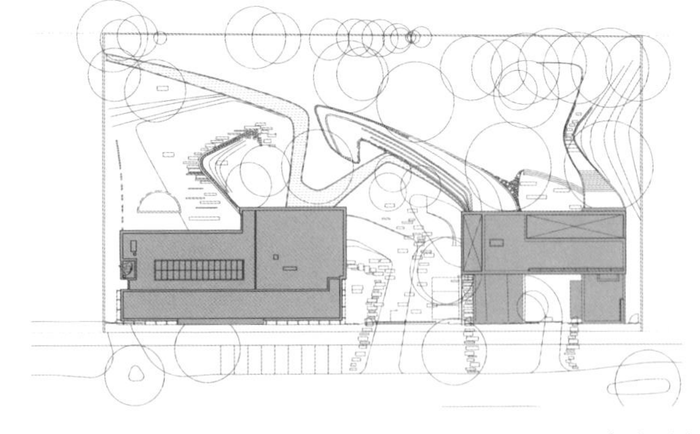
总平面图

客户：荷兰外交部

项目类型：大使馆，住宅

地点：波兰，华沙

总建筑面积：37674平方英尺（3500平方米）

竣工时间：2004年

摄影：克里斯蒂安·里希特斯（Christian Richters）

波兰，华沙

荷兰大使馆

埃里克·万·伊格莱特联合建筑师事务所（Erick van Egeraat Associated Architects）

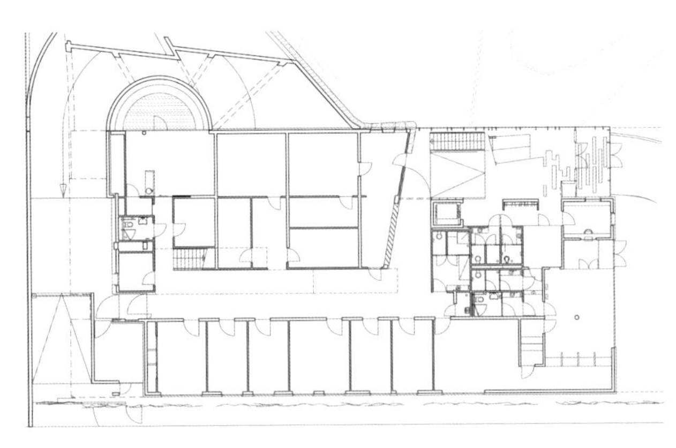

大使馆底层平面图

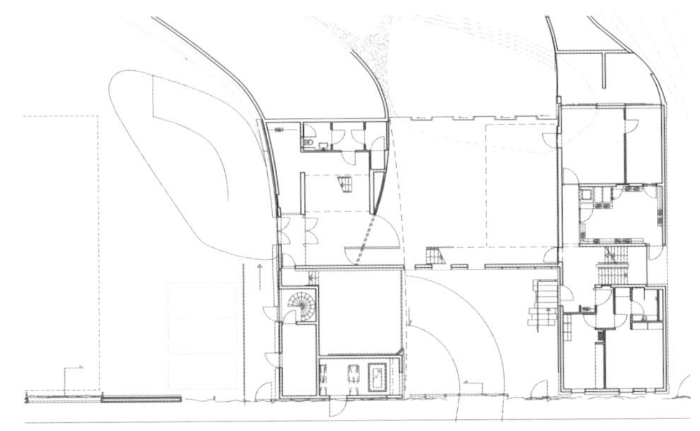

住宅底层平面图

大使馆在外观上明确地遵循了设计的主旨，建筑呈现出轻盈和半透明的状态，能够相当大程度地展示建筑内部的活动。至于住宅坐落在离公园更近的位置。作为一个融合了环境的独立住宅，石材的外观显得更加厚重。在两个建筑物之间建造了公共庭院，是一个既能彼此联通又能提供全视角观景的场所。围绕着复杂内部建筑的大门变成了外表皮，与建筑的立面相融合，有时透明，有时封闭。石材包裹的部分则被认为是内部和外部的过渡。

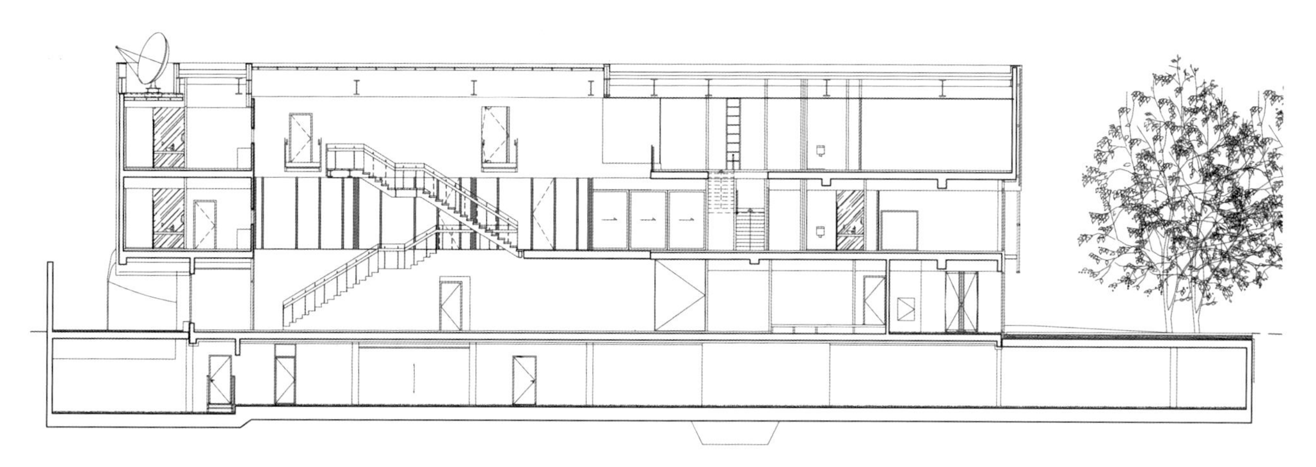
大使馆纵向剖面图

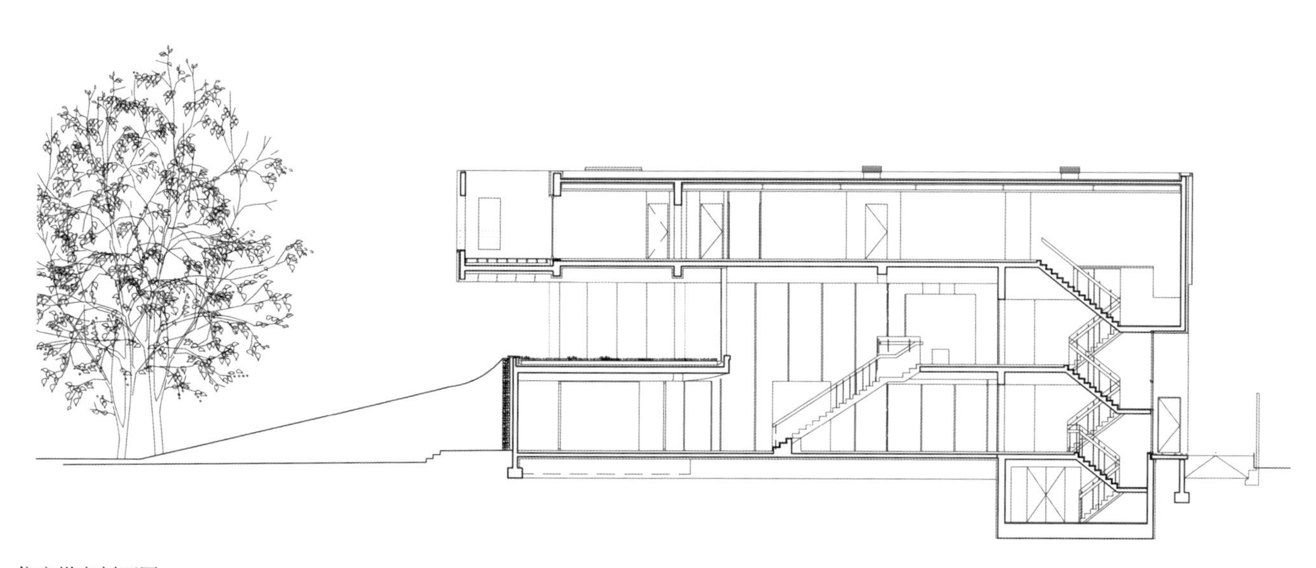
住宅纵向剖面图

这个项目之所以能够与环境建立密切的关系，是因为强调了色彩和纹理的使用，再加上对材料和施工技术的仔细分析。建筑的立面展示了一种从方正体块中得到的线性和几何关系，与有机形式的铁门、大理石的纹理和釉面的屏障形成的对比。该项目的合理性也体现在内部，2层高的顶棚、可以加强室外景观的连续性和两栋建筑之间的视觉通透性，这些加强了建筑内在的空间关系。

拟态

马格辛3号是一座当代艺术画廊，坐落于斯德哥尔摩老码头区。该码头区近年来一直通过结合新建筑和毗邻旧建筑的室外空间来完善现有的服务功能。项目包括一个主画廊、附属展览空间、工作室、咖啡馆和一座已经成为市中心一部分的公园。原有建于战后的画廊为单层，是传统的瑞典建筑风格。2004年，布劳克建筑事务所接受为马格辛3号创造一个外部装置的委托，目的在于赋予马格辛3号一个新形象的同时，能够组合起那些逐步形成展览建筑群的不同部分。项目将要解决两个最基本问题。首先，由于严格的规划条例，该装置必须尽可能“不影响”环境。其次，马格辛3号将会在几年内搬离现有的总部并建造一个新的来满足需求。在调研了各种可能性和交换意见之后，建筑师一致同意建造一个在呼应公园环境的同时，能够向参观者传达画廊即将不复存在信息的装置。

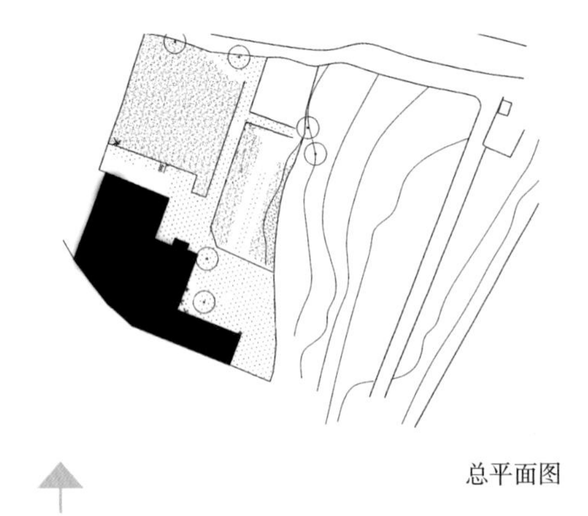
总平面图

客户： 马格辛3号画廊

项目类型： 格栅

地点： 瑞典，斯德哥尔摩

总长度： 217英尺（66米）

竣工时间： 2004年

摄影： Graeme Williamson

瑞典，斯德哥尔摩

马格辛3号

布劳克建筑事务所（Block Architecture）

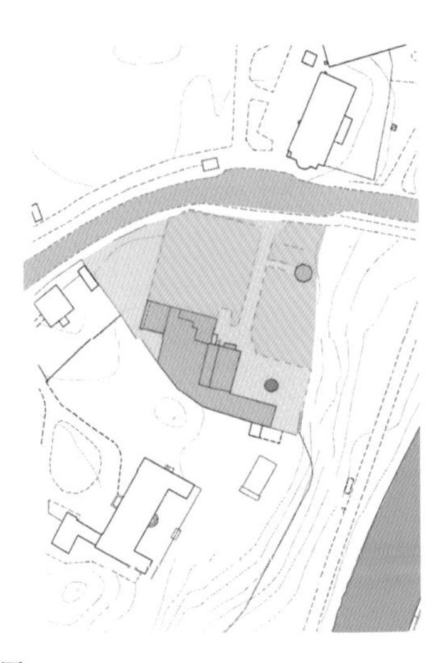

建筑群总平面图

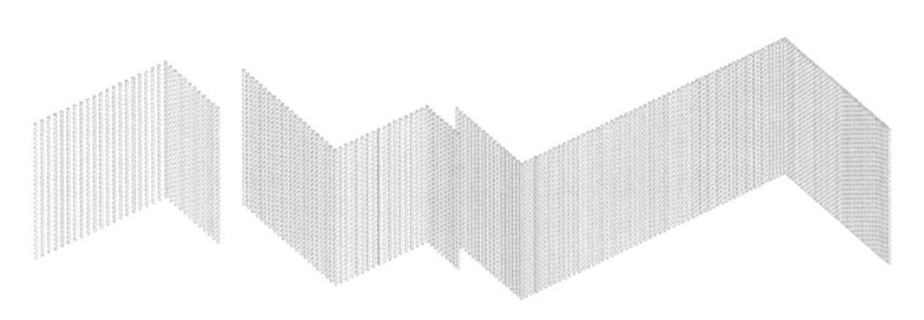

格栅轴测图

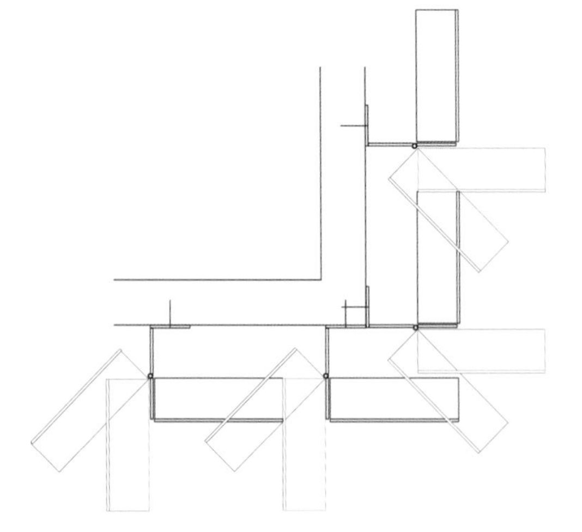

节点大样图

该方案是一组12英尺（4m）高，围合起建筑群的格栅，适应了总体建筑从前到后的不规则形式。格栅由固定在地面上的、一侧覆盖着铝制镜面板的木柱组成。这些木柱通过一系列铰链固定在结构框架上，使它们能够像百叶窗一样旋转270°。格栅构成了马格辛3号的新立面，仅仅在通向画廊的道路处中断了一下。镜子一样的表面反射出公园的风景，将建构元素融合进了自然环境中。木板之间的缝隙使人们能够瞥见建筑，而建筑又消隐于格栅之后。

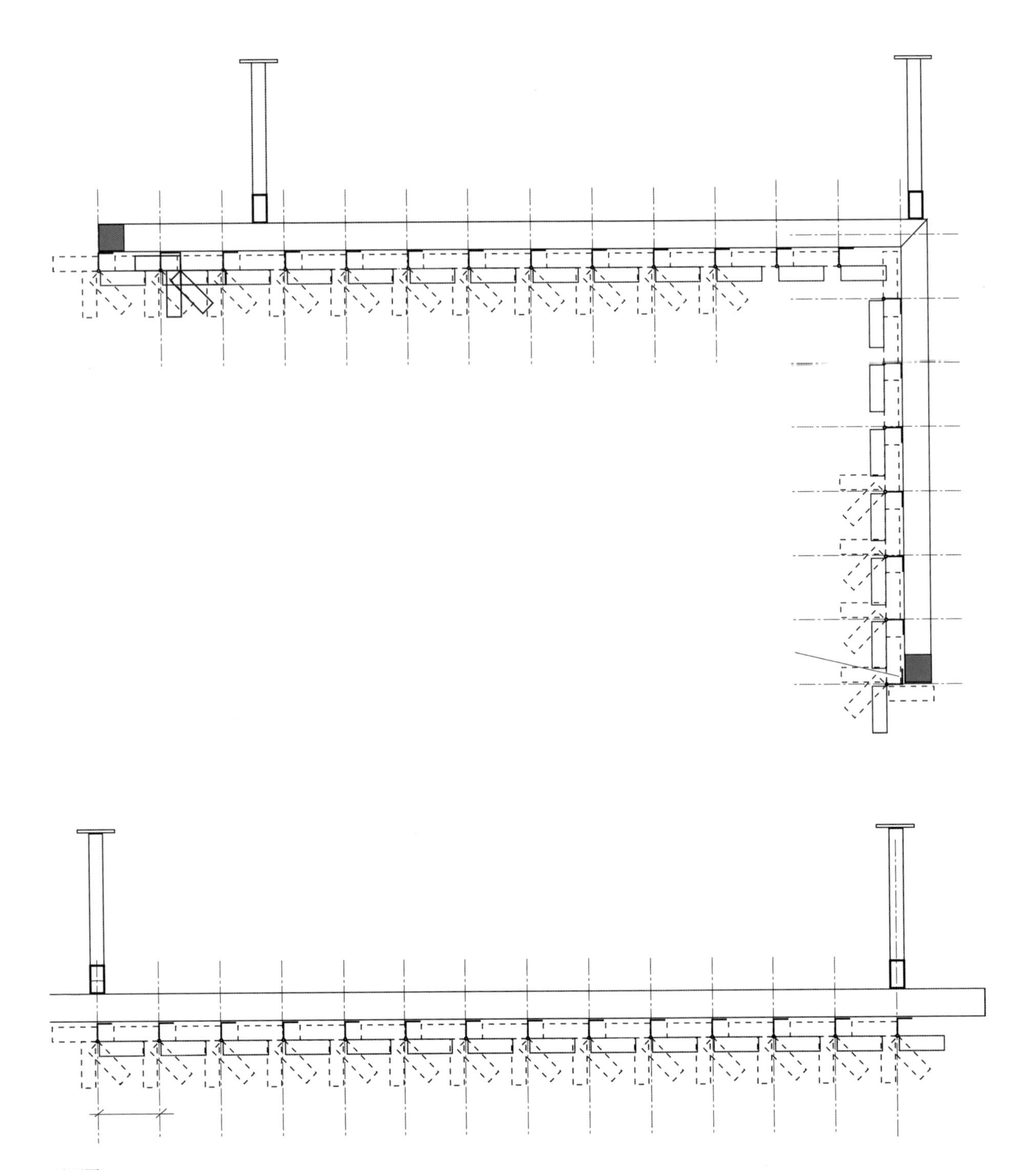

平面图

拟态

位于日本小渊沢的星野酒店是一家专门承办婚礼和庆典活动的度假中心。在这里，酒店的顾客可以找到一切婚礼所需的场所和服务，包括一座由同一建筑师设计的、位于酒店花园内的花瓣小教堂（见第164页）。构成典礼的由一系列连续仪式每个都有自己的意义和特定的场所，每个场所都通过悉心的设计来唤醒和渲染典礼时刻的魔法。在现有基础上，客户希望增加基础的服务设施，通过一个新的仪式空间来补充现有的服务。在一年前落成以新娘面纱为灵感的花瓣小教堂之后，建筑师构想了这个宴会空间。为了将新的建筑体量整合到酒店周围葱茏的花园中，建筑师选择了一种冒险的解决方案——用细长的镜面板将建筑包裹起来。因此，地形、植被和天空都反映在建筑的表面，与景观融合在一起，造就一种令人神往的耀眼夺目的效果。

总平面图

客户：星野酒店

项目类型：宴会厅

地点：日本，小渊沢

总建筑面积：1345平方英尺（125平方米）

竣工时间：2005年

摄影：达伊奇·阿诺（Daici Ano）

日本，小渊沢

闪耀

克莱因 · 迪瑟姆建筑事务所（Klein Dytham Architecture）

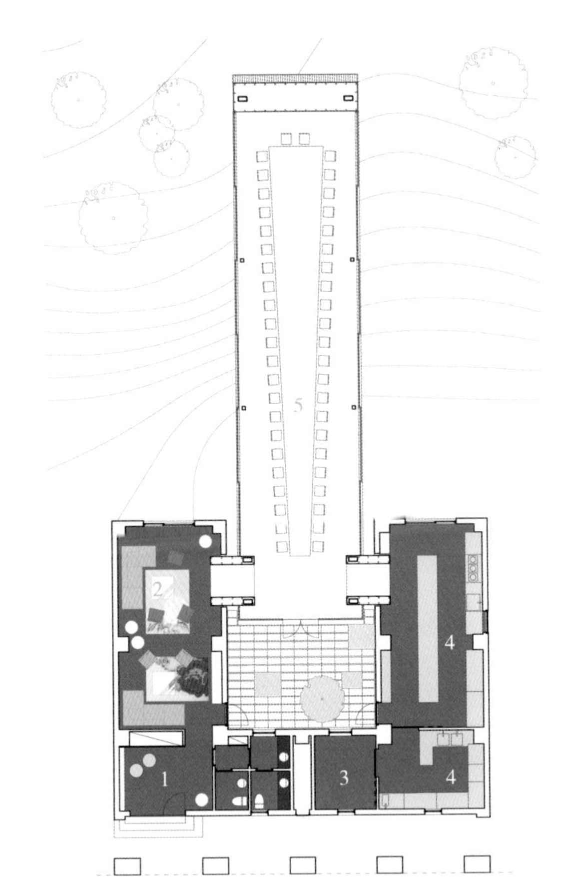

平面图

1–入口
2–接待室
3–储藏室
4–厨房
5–宴会厅

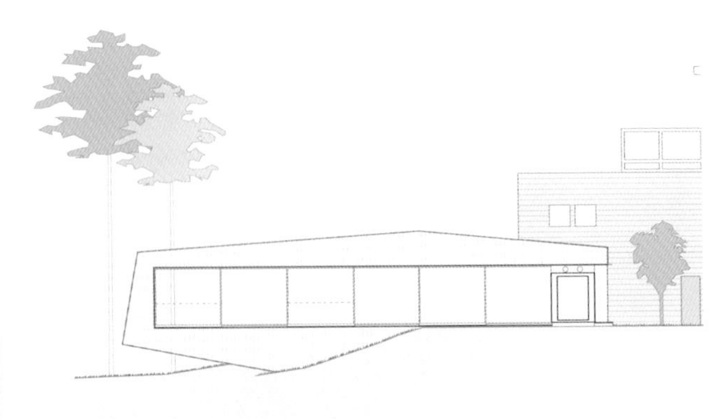

立面图

建筑平面呈长方形，内部有一个59英尺（18米）长的餐桌和面向花园的水平长窗。桌子是等腰梯形，每侧有 22个座位，新郎和新娘将坐在较宽的底边突出位置上。房间和桌子的几何形式，生出一种漂浮在森林中的奇特的视觉效果。除了点缀天花板的精致的植物绘画外，房间和家具的主要颜色都是白色。一侧立面的巨大推拉窗，使得建筑和环境完美地结合在一起。

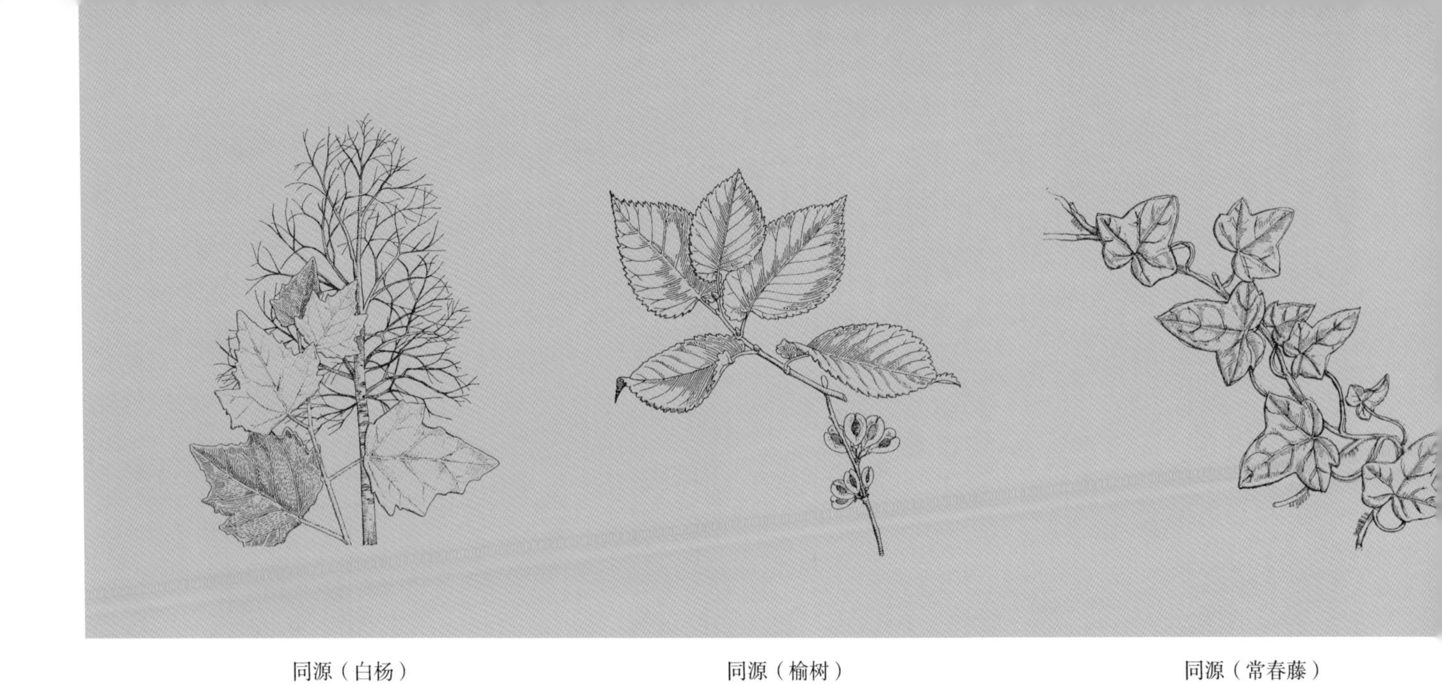

同源（白杨）　　同源（榆树）　　同源（常春藤）

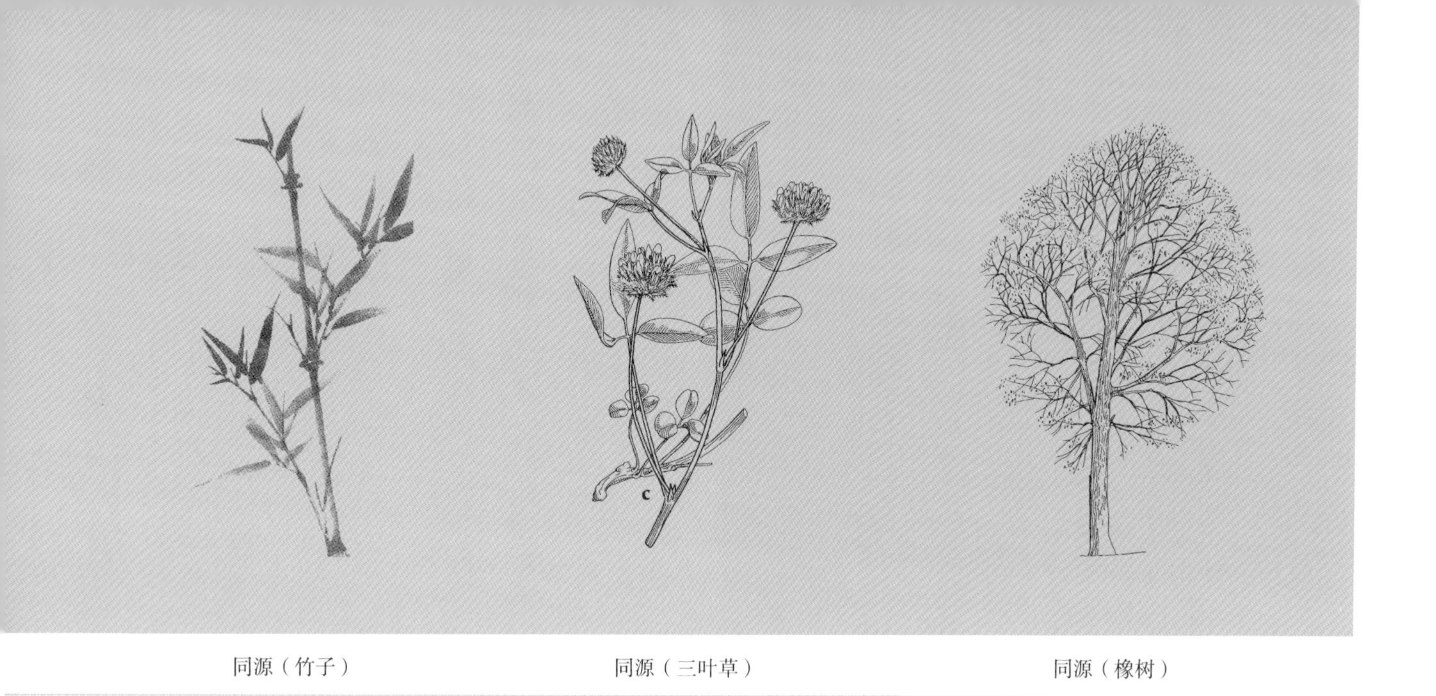

同源（竹子）　　同源（三叶草）　　同源（橡树）

同源性

先前的类比试图揭示那些由功能决定结构的建筑，与植物之间的平行关系。总体来说，就效率而言，这些在行为或形式上对环境的适应，能够允许生命或者不动的建筑拥有最佳的功能。然而，撇开功能问题不谈，植物学和建筑学之间可能存在的同源关系或相似性依然是有趣的。下面的类比则纯粹是形式上的，没有对任何功能问题做出回应，它是在建筑如何仅仅出于审美或唤醒的目的，而模仿或采用植物特征这一探索上产生的结果。在当代建筑中有许多对植物结构形式化的类比或模仿的例子，都是为了将自然概念融入建筑项目中。这种对植物模式的复制，通常是意欲整合自然与结构的结果（例如降低新建筑的视觉冲击），或是在高度物质文明的空间中，以一种近乎诗意的姿态，人为地引入自然环境。作为空间品质的参照，植物世界可以提供给建筑——尤其是有机的、非线性的、无序的模式——如纹理、滤光、阴影和颜色这样典型的自然元素。下面的例子阐明了这种关系。

同源（三叶草）

西南金属是德国巴登—符腾堡州的一家冶金电力公司，该项目是为其建造培训中心和区域办事处。地点位于罗伊特林根的中心地区，该区的特点在于集中了各种各样的历史建筑，包括住宅、写字楼和小型工厂。周围的城市景观被低矮的建筑所界定，建筑材质多为水泥与砖块，带有木材和山墙的元素。设计方案旨在尊重当地城市环境的同时，传递公司的企业形象。项目由三个坡屋顶小体块组成，呼应了现有建筑的尺度，并以特殊的材质和材料来传递新形象，同时保留传统的形式。一个由植物形态演变而来的图案像地毯一样延伸到10英尺（3米）高的整个建筑。这个半透明的装饰元素被叠加在建筑的立面上，作为公共空间和内部空间的界面，并在外部营造了开放的氛围，形成了独特的入口庭院和城市花园。

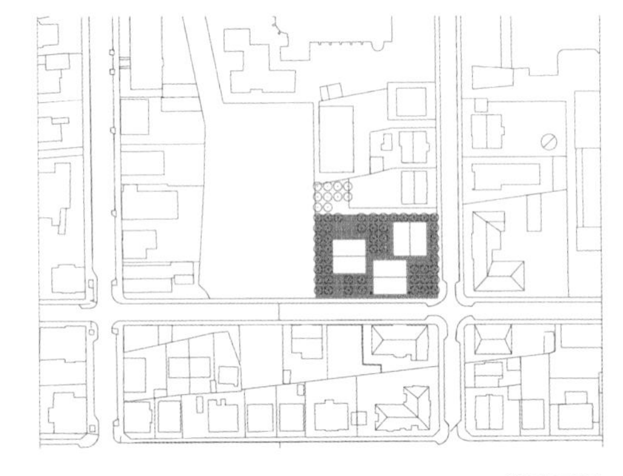
总平面图

客户： 西南金属

项目类型： 区域办事处及培训中心

地点： 德国，罗伊特林根

总建筑面积： 45208平方英尺（4200平方米）

竣工时间： 2002年

摄影： 弗洛里安·霍尔扎尔（Florian Holzherr），詹斯·帕索斯（Jens Passoth）

德国，罗伊特林根

西南金属办公楼

阿尔曼 · 萨特勒 · 瓦普纳建筑事务所（Allmann Sattler Wappner Architecten）

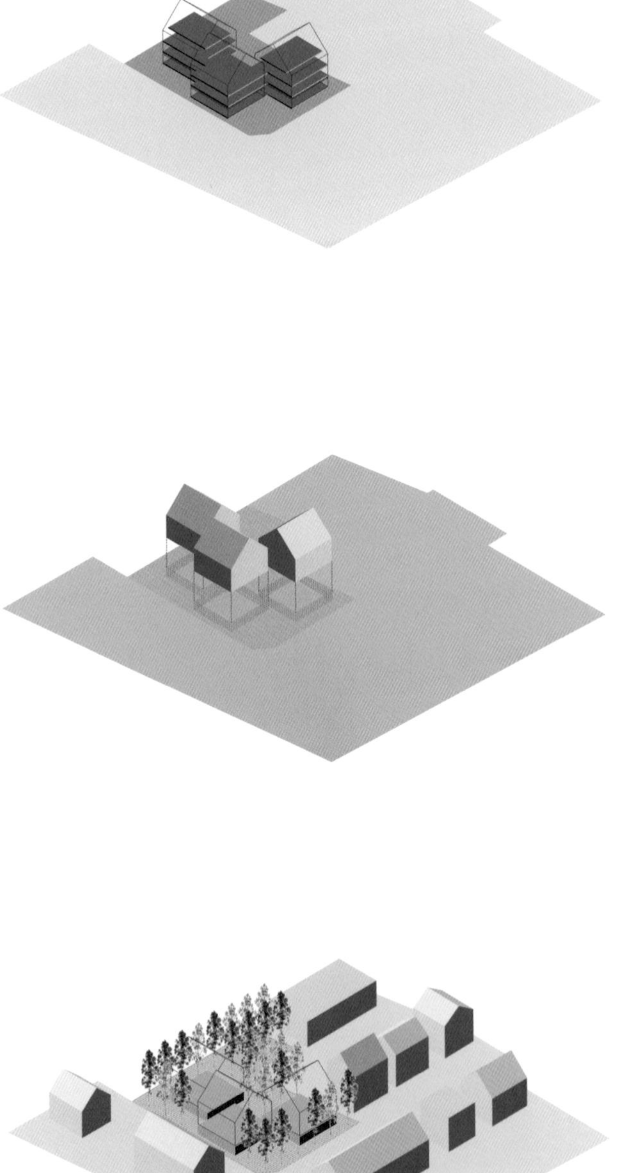

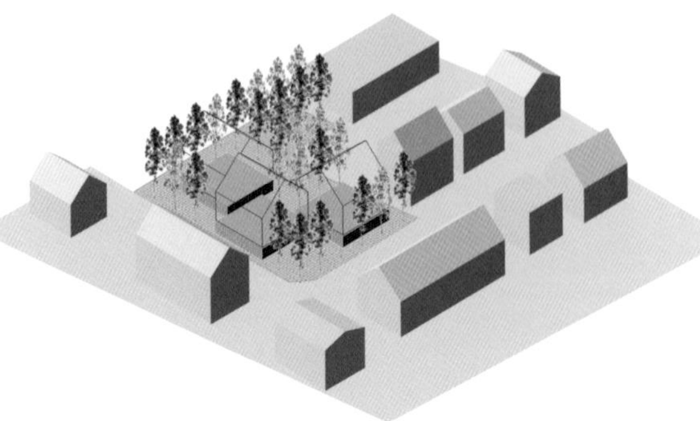

综合体3D模型

该项目独特的外观来自于用于外立面的双层围护系统。第一层主要由可单独打开的通高绝缘玻璃面板组成，第二层则是固定在钢架上的3/16英寸（4毫米）不锈钢面板。隐藏在面板之后的框架被固定在建筑结构上。面板之间无缝连接，以强调连续包裹建筑的表皮概念。金属面层的反射性使建筑立面不断变化，能够对不同季节的色调或一天中不同的光线做出回应。

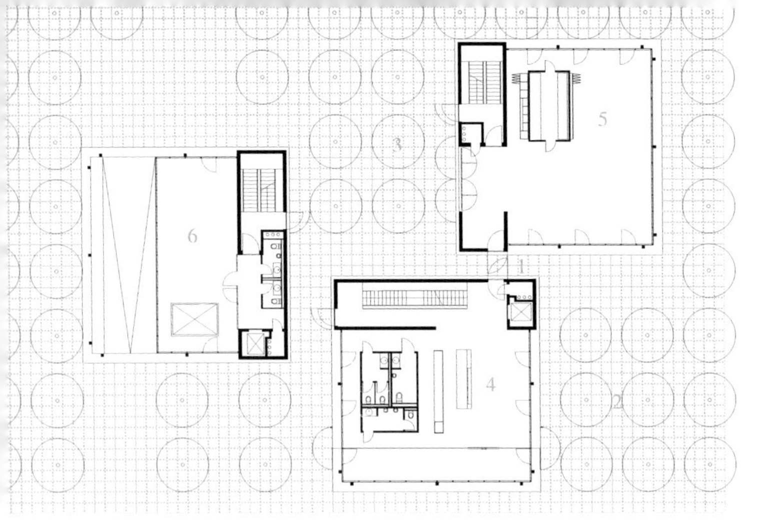

底层平面图

1–公共入口
2–公共花园
3–内部花园
4–接待
5–咖啡
6–内部入口

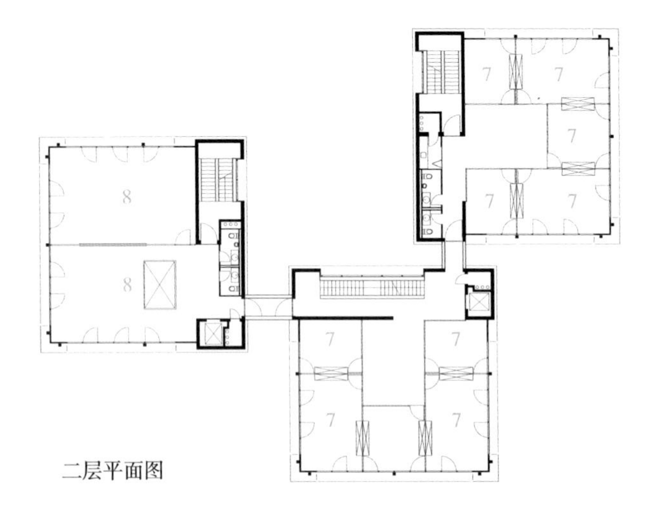

二层平面图

7–办公室
8–会议室

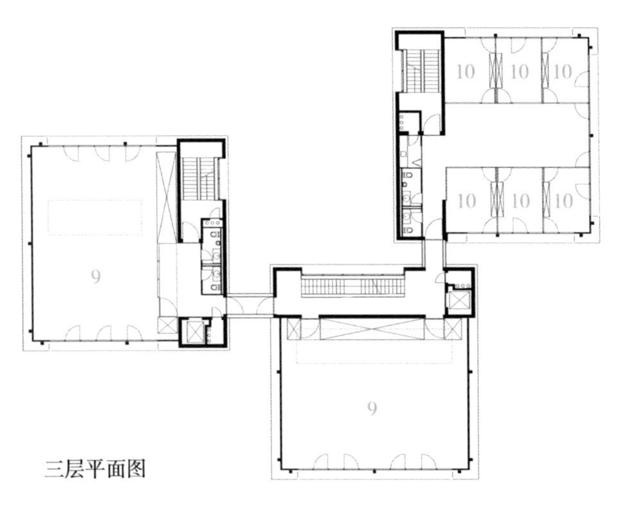

三层平面图

9–多功能厅
10–办公室

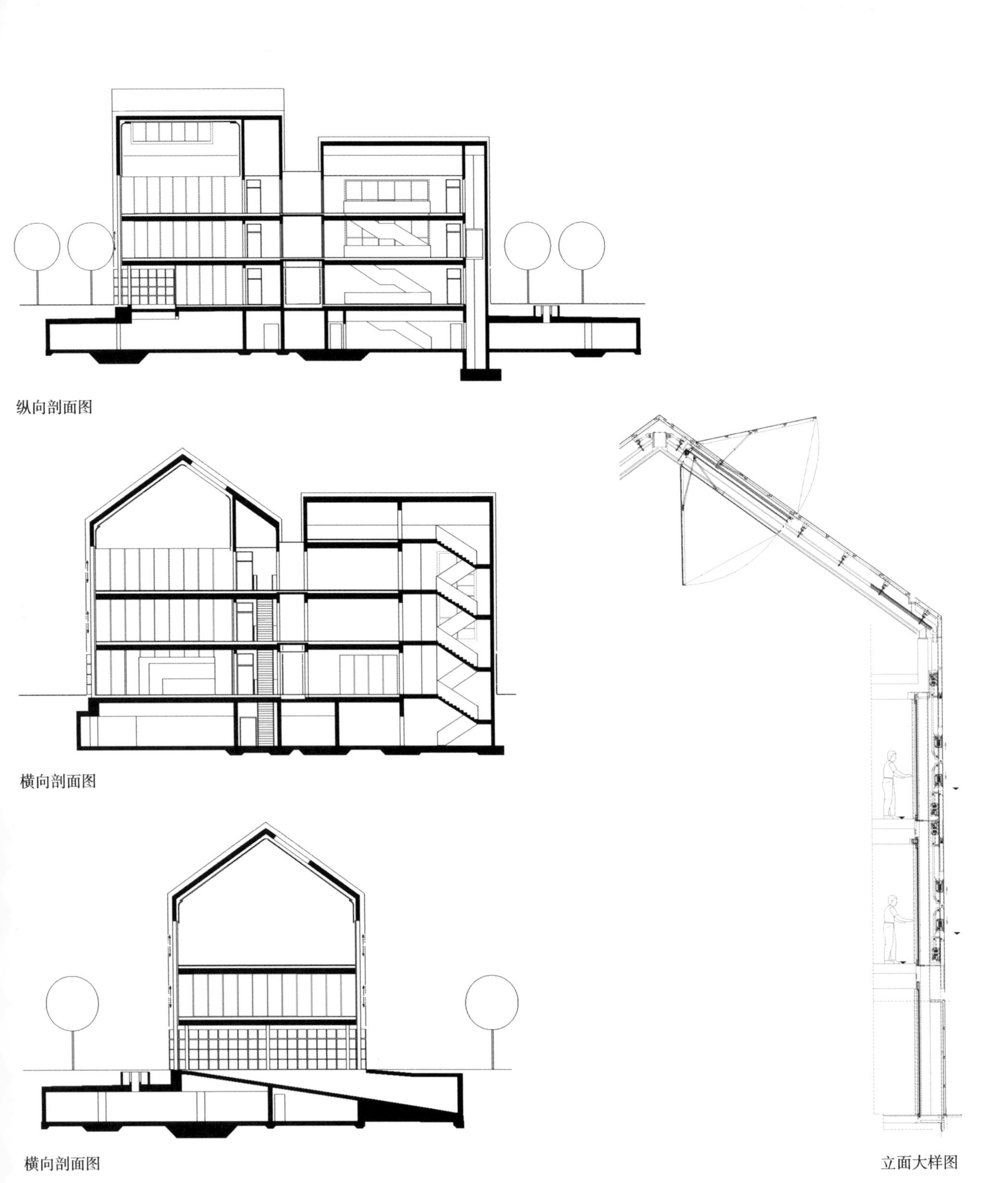

纵向剖面图

横向剖面图

横向剖面图

立面大样图

客户服务区位于一楼，包括入口、接待区、自助餐厅和通往停车场的坡道。建筑师避免在这个区域使用柱和隔墙，目的是借穿孔钢板创造一种开放感，并与外部产生紧密的联系。带有植物图案的面板营造出类似于花园的视觉效果，取代了树梢在建筑上部产生的效果。不锈钢自动百叶窗控制着光线的进入。3164块面板覆盖了建筑的外部空间和基座，这些装饰面板组合起来形成了一个雕塑般的建筑，仿佛是场地自身生长出来的一样。

同源（常春藤）

这个独具匠心的小教堂坐落在日本的星野酒店的花园中。小渊沢是日本中部的一个宁静的小镇，在这里你可以饱览富士山和八岳山的景色。该教堂主要是为酒店的婚礼庆典而设计，方案充分利用了微妙的环境，将建筑变成了一幕无与伦比的盛景。受到花园周围自然景观的启发，这座建筑由两个叶片形的壳体组成，分别由玻璃和钢材建造，仿佛自然地从地面上生长出来。玻璃叶片呈现出一种藤架样式的精致图案，由一种类似叶脉一样逐渐变细的结构支撑。半透明的玻璃在内部扩散光线，营造出更亲密的氛围。白色钢材叶片上则有4700个小孔，每个小孔内都有一个丙烯酸透镜，过滤光线并产生好似新娘面纱的视觉效果，并根据阳光的角度时刻变幻着。

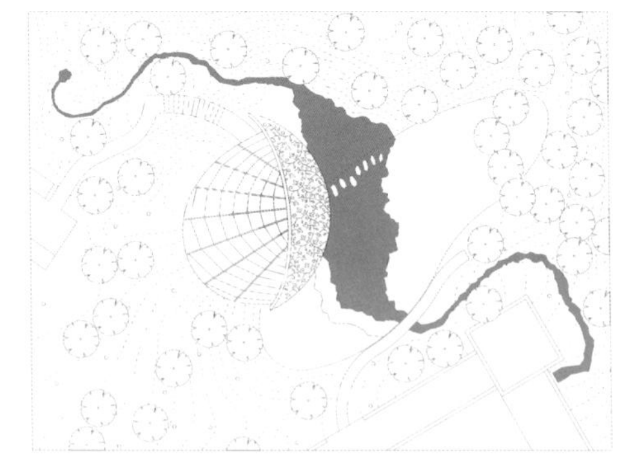
总平面图

客户： 星野酒店

项目类型： 教堂

地点： 日本，小渊沢

总建筑面积： 2153平方英尺（200平方米）

竣工时间： 2004年

摄影： 小丸山（Katsuhisa Kida）

日本，小渊沢

花瓣教堂

科林·戴沙姆建筑事务所（ Klein Dytham Architecture ）

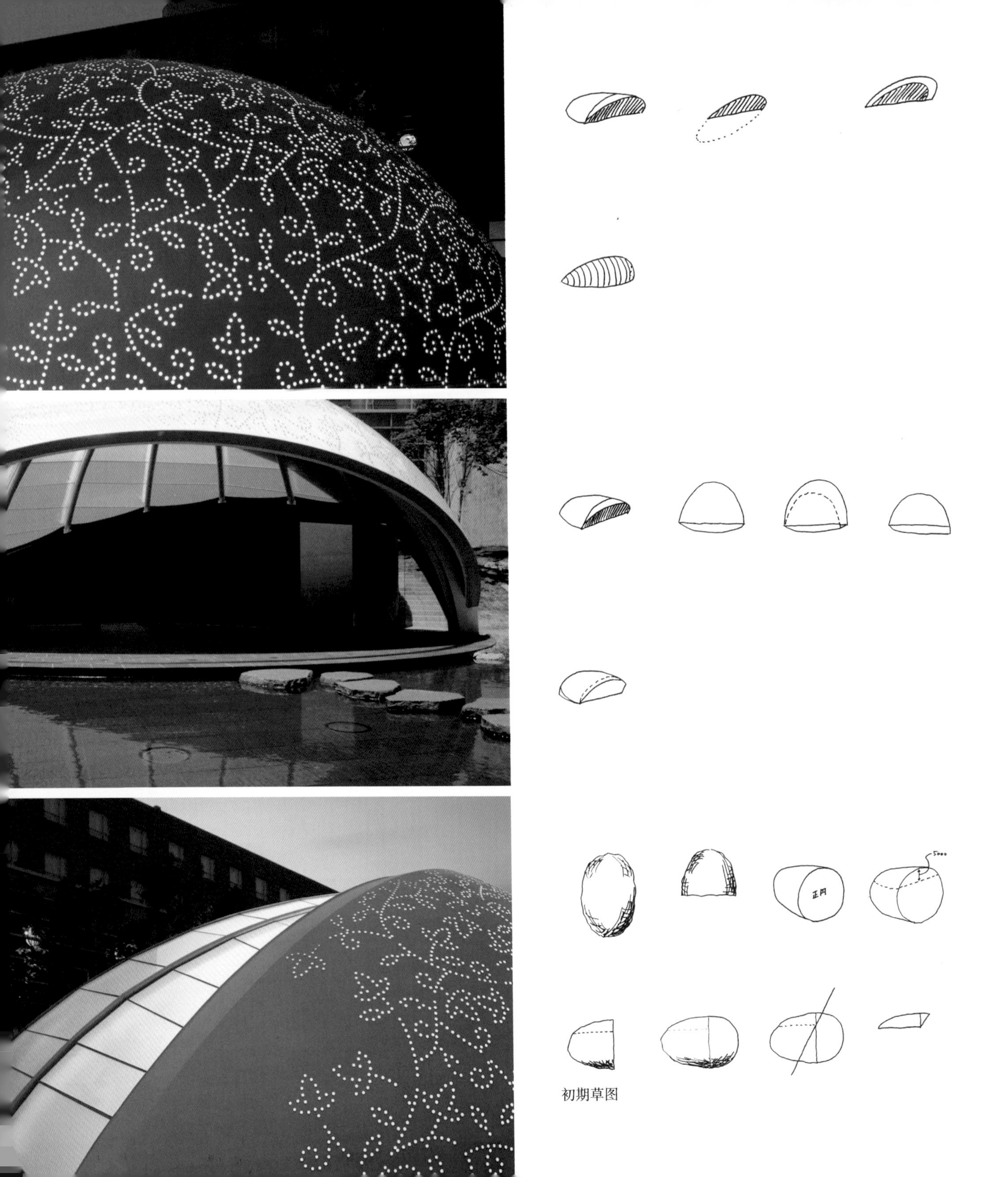

初期草图

每当婚礼即将结束，掀起面纱按照惯例亲吻新娘时，钢制的“面纱”魔幻地齐齐升起，可以看到环绕教堂和花园的池塘。尽管“面纱”重达11吨（9979公斤），但是圆柱形的机械结构让它能在38秒内无声地升起，仿佛是一件没有重量的织物。与外表面耀眼的白色形成对比的是，室内多采用深色的材质和色调，以强调婚礼的庄严氛围。室内由深色的木墙、木质的长凳、黑色的丙烯酸网格板和天然花岗岩地面组成。

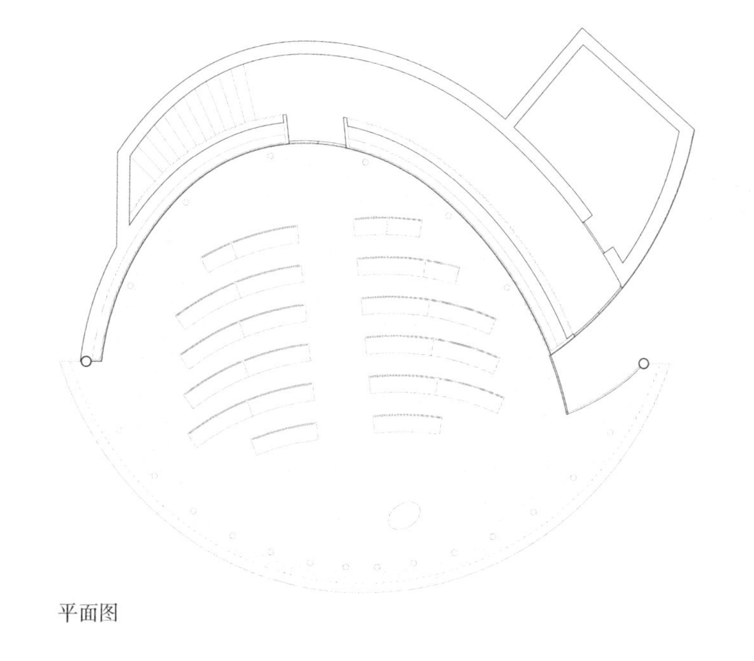

平面图

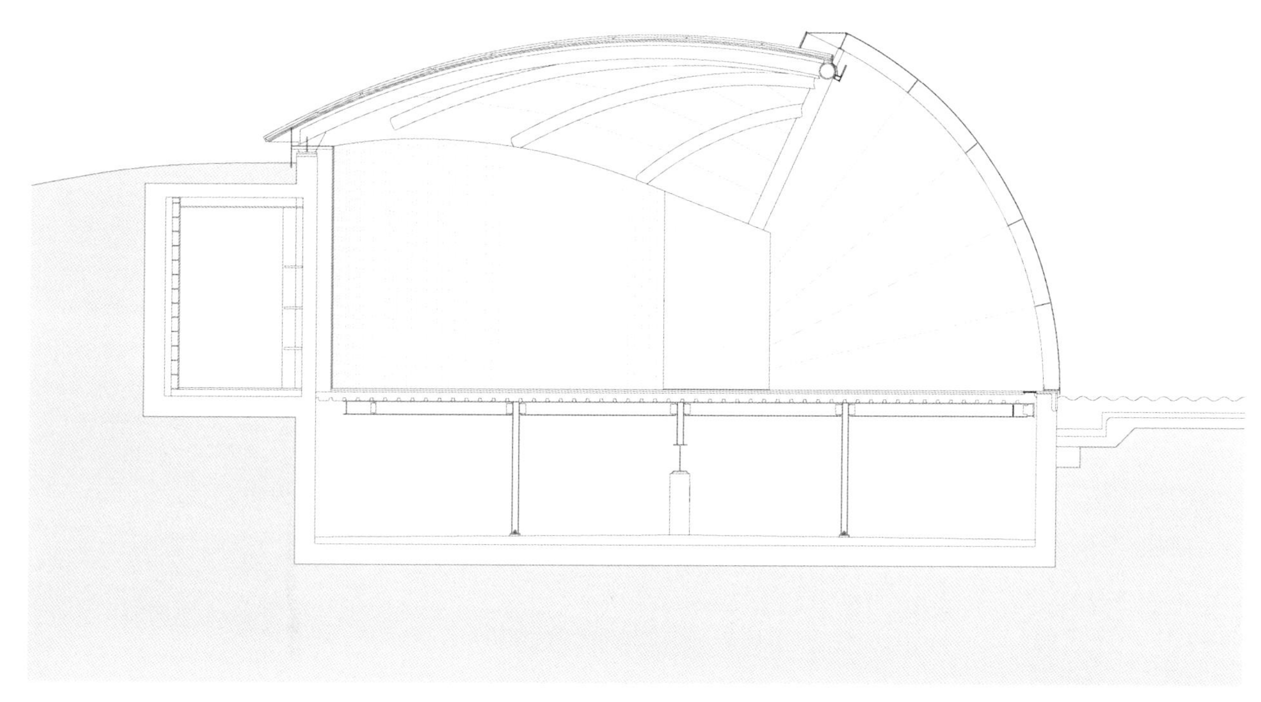

横剖面图

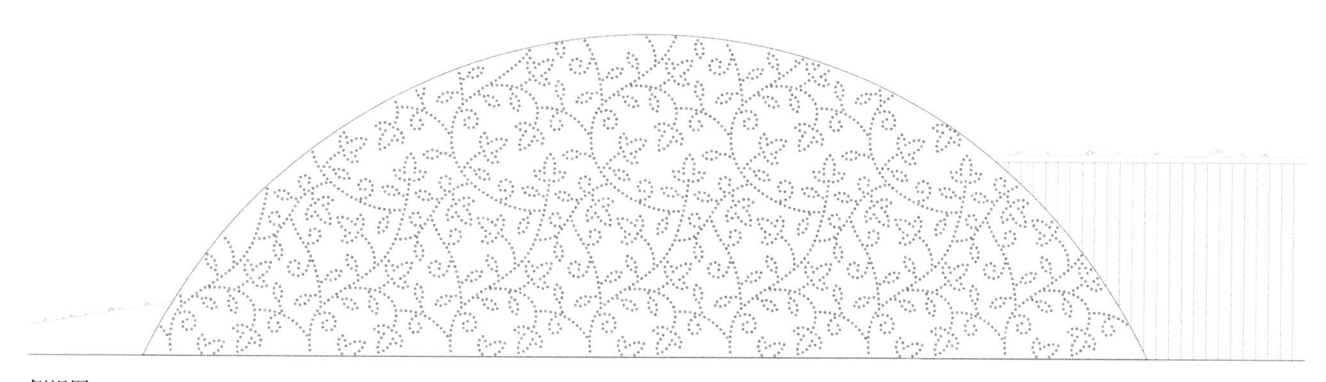

侧视图

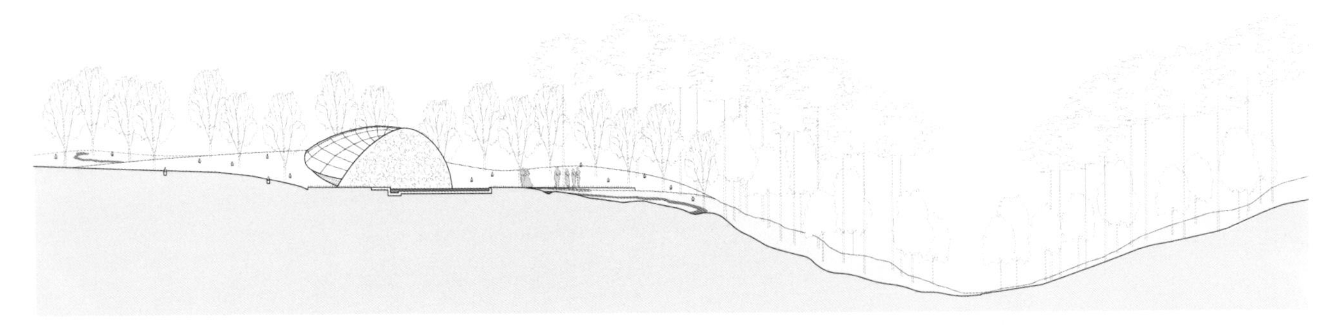

花园剖面图

月光下的婚礼也可以非常浪漫，这要感谢夜晚钢结构孔洞所呈现的蕾丝织物一样的效果。白天将自然光的效果叠加在一起的镜片，在晚上会变成一个个小光源，将建筑物包裹起来，并使得小教堂有如雕塑一般。在婚礼后的室外酒会上，作为背景的教堂巧妙地装点了花园的景致。小孔的构图灵感来源是一种名为五福花的黄色小花，就生长在周围的花园里，在中文里，它的名字代表了幸福和愉快的婚姻。

同源（白杨）

在法国，建造树屋形式的学校不是一个教育部特别的主要目标。尽管如此，建筑师爱德华·弗朗索瓦和邓坎·莱维斯在树梢间建造了一所学校，将孩子们的想法变成了现实。该项目在一所位于巴黎南郊蒂艾镇的小学内，现有的教室和设施很好地融合了周围的环境。由于该地区人口的增加，学校现有的基础设施无法满足日渐增加的学生的需要，因此需要对设施进行全面地整修。建筑师利用了这次改建的机会，更好地组织了校园流线，使得各部分场地互相关联。学校的加建计划是按照最初的总体规划进行的，新教室位置与现有的教学楼平行，并且实现了孩子们让教室完全悬空的愿望，将其从地面抬起到了9英尺(3米)的位置。新教室处在一个可以欣赏邻近公园景色、有特殊优待的地方，下部的空间还与学校的露台连成一体，可以供学生玩耍。

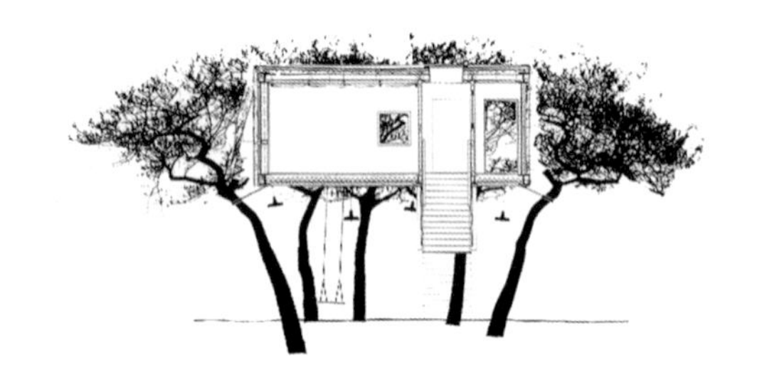

横剖面图

客户：布冯学校

项目类型：小学加建

地点：法国，蒂艾

总建筑面积：3229平方英尺（300平方米）

竣工时间：2005年

摄影：爱德华·弗朗索瓦（Edouard François）

法国，蒂艾

布冯学校

爱德华·弗朗索瓦（Edouard François），邓坎·莱维斯（Duncan Lewis）

初期草模

该项目的独创性不仅体现在将整个建筑抬离地面，而且还在于为提供结构支撑的两排树木之间插入了建筑体块。这个矩形体块采用了水平向布置的细长钢板组成的钢框架结构。环绕玻璃表面的安全栏杆使人联想到植物的形态，栏杆消隐了建筑的结构，并使建筑与周围树木自然地融合。通过这一项目，弗朗索瓦和莱维斯实现了一个真正融合于自然的建筑，这点在立面设计、精致的细部和室内装修上均得到了体现。

同源（竹子）

在东京市内，众多小型建筑被建造在形状怪异的空地上。而在世界其他城市，这些空地很可能被闲置，但在日本却利用这些空地创造了独特的建筑。对于这类东京都特有的建筑类型，建筑师冢本由晴（Yoshiharu Tsukamoto）戏称它们为“宠物建筑”，这是由于历史变迁、规划政策和城市私有化举措而导致的城市不断分裂的结果。该项目是科林·戴沙姆建筑事务所设计的“宠物建筑”的一个具体实例。建筑的形式和尺寸回应了场地本身的形态和规范所允许的最大尺寸。狭窄的两层高的体块长度为36英尺（11米），一侧宽度为8英尺（2.5米），另一侧宽度为24英寸（60厘米）。尽管建筑面积较小，但该建筑在城市环境中举足轻重，因为它较宽的一侧直接面向一条繁忙的商业街，这不仅吸引了路人的目光，也为室内空间提供了自然采光和通风。由于形体特征和客户对多功能商业空间的要求，该项目被视为一个可居住的大型广告牌。

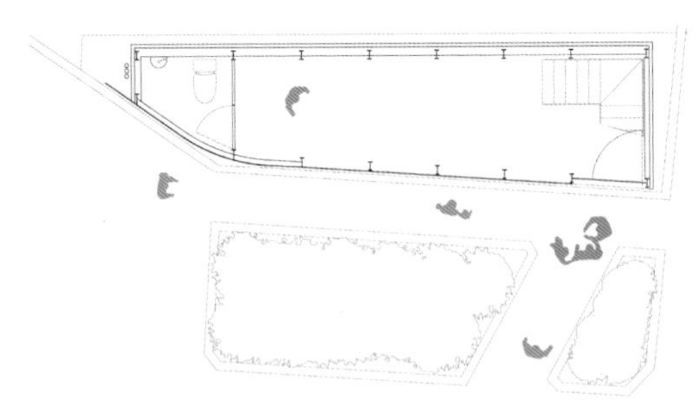
总平面图

客户：瑞萨（Risa）合伙人
项目类型：商业空间
地点：日本，东京
总建筑面积：1808平方英尺（168平方米）
竣工时间：2005年
摄影：达伊奇·阿诺（Daici Ano）

日本，东京

广告牌建筑

科林·戴沙姆建筑事务所（Klein Dytham Archirecture）

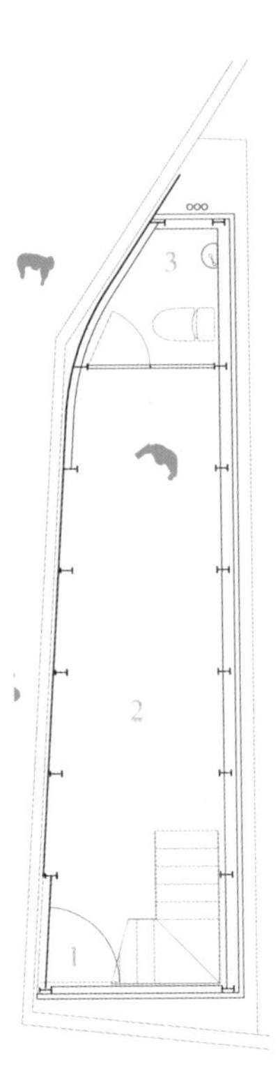

底层平面图

1–入口
2–零售
3–服务

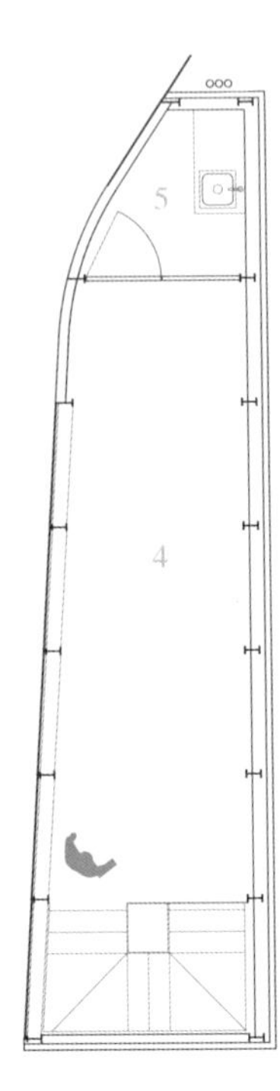

二层平面图

4–办公
5–储藏

该项目最重要的元素是36英尺（11米）高的立面，其形象能够充分展现建筑的特点。由于体量太小，建筑师更倾向于通过使用图像和透明材质来分散对建筑本身的关注，并且创造出一种这里种植了树木的错觉，就好像这个项目创造的是一个城市花园而不是建筑。主立面的玻璃上印有竹子的图案，而作为背景的室内的墙则被涂成绿色。白天，竹影图案过滤了到达室内的光线；夜晚，从内部闪耀而出的绿光则在城市的中心创造出一个竹影花园。

立面图

同源（竹子）

西纳罗·方达纳尔艺术基金会是一个成立于2002年的非营利性组织，旨在支持视觉艺术的文化交流。创始人艾拉·丰塔纳尔斯（Ella Fontanals）来自委内瑞拉，现定居在迈阿密。艾拉和家人决定一起成立这个组织，来推广拉丁美洲新兴学科的当代艺术家。该中心包括办公室、工作室和一个大型展览区，展览区需要足够机动灵活，能够全年举办频繁的展览。建筑所在地的工业化特点决定了该项目的基调：在工业建筑为主导景观的城市区域里营建人性化空间。建造一个城市花园的构思，不仅给建筑创造了独特的外观，并且营造了更令人愉快的氛围。这些都是通过在建筑的立面上应用竹林的形象实现的。围绕着中心的公共空间则种植了真正的竹子，以强调城市花园的概念。建筑在城市环境中有力而独特的形象，毫无疑问地使其成为这个社区的一个标志。

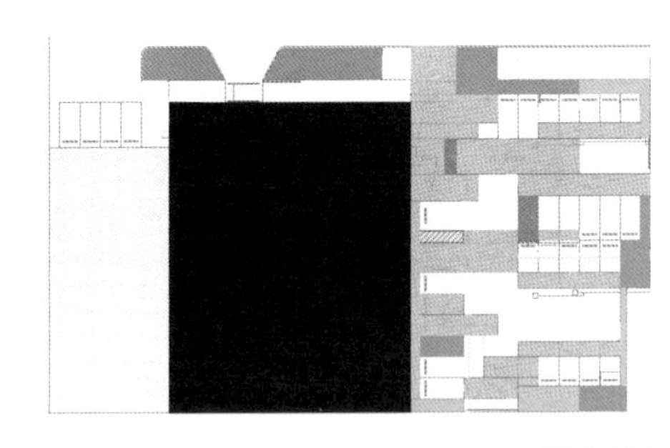
总平面图

客户：西纳罗·方达纳尔艺术基金

项目类型：文化中心

地点：佛罗里达，迈阿密

总建筑面积：35521平方英尺（3300平方米）

竣工时间：2006年

摄影：Daniel Romero, Walter Robinson, Oriol Tarridas, Mónica Vázquez

佛罗里达，迈阿密

西纳罗·方达纳尔艺术基金

芮妮·冈萨雷斯（René González）

照片

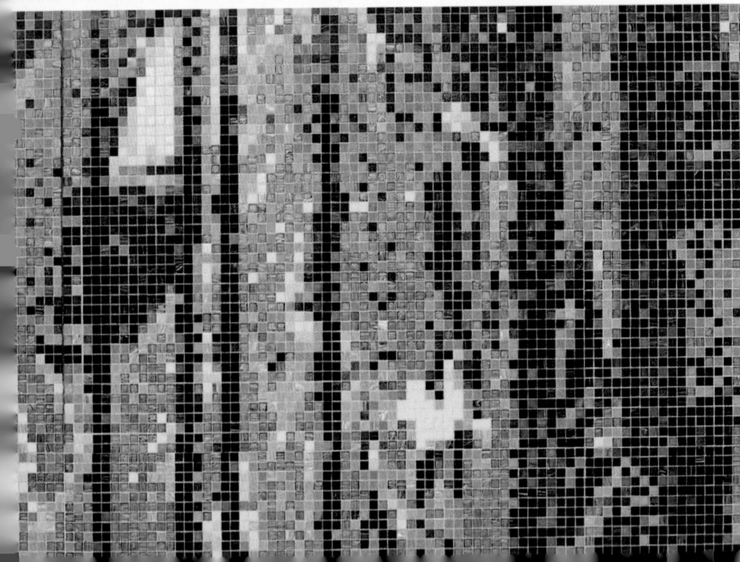

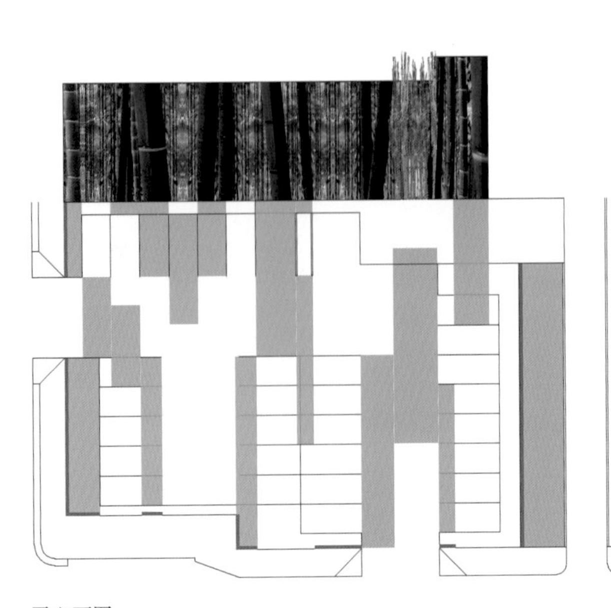

平立面图

植物图案是通过将彩色玻璃的马赛克瓷砖，像素化地排列在一起实现的。主入口前的停车区融合了不同色调的绿色，强化了城市花园的理念。在走近大楼的过程中，参观者的感知逐渐由远处的丛丛森林演变为随意的有机图案和颜色。色彩斑斓的有机设计，为传统的艺术中心形象提供了一种新的可能——以简单的材质、中性的形式、白色的背景为特征，同时也能促进城市与艺术社区之间的积极交流。

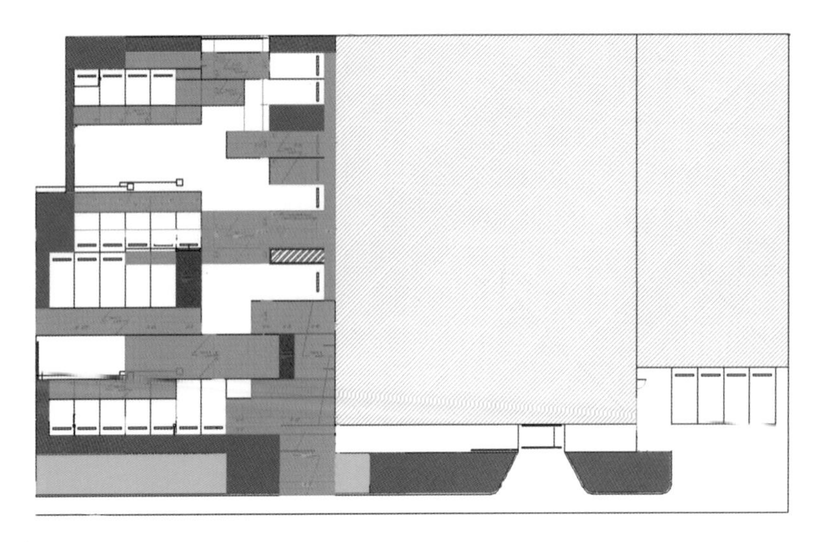

场地平面图

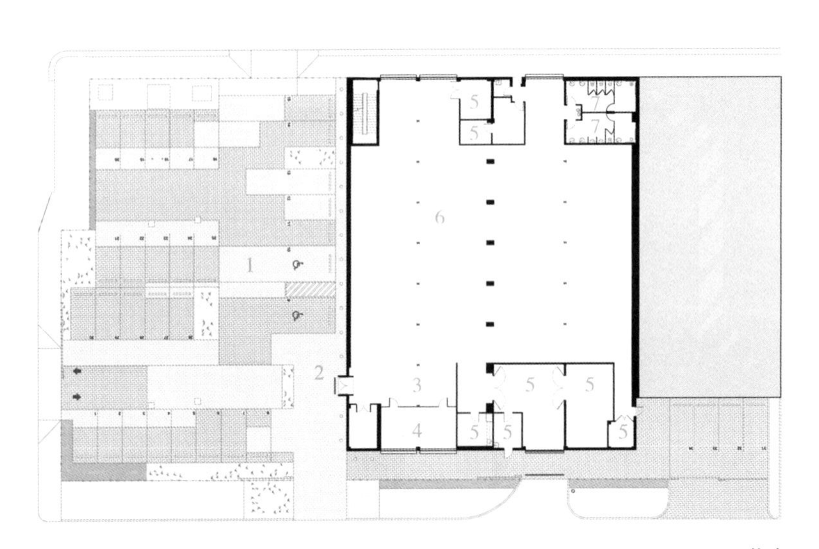

一层平面图

1–停车
2–入口
3–接待区
4–会议室
5–储藏
6–展览区
7–服务

建筑师索引

Allmann Sattler Wappner Architekten
125 Nymphenburger Strasse, Munich 80636, Germany
T +49 (0)89 13 99 25 0
F: +49 (0)89 13 99 25 99
info@allmannsattlerwappner.de
www.allmannsattlerwappner.de

Alsop Architects
Parkgate Studio, 41 Parkgate Road, London SW11 4NP United Kingdom
T +44 (0)20 7978 7878
F: +44 (0)20 7978 7879
www.alsoparchitects.com

Auer + Weber + Assoziierte
Georgenstrasse 22, Munich 80799 Germany
T: +49 (0)89 381 617 0
F: +49 (0)89 381 617 38
muenchen@auer-weber.de
www.auer-weber.de

Atelier Tekuto
301 6-15-16 Honkomagome, Bonkyo-ku, Tokyo 113-0021 Japan
T: +81 3 5940 2770
F: +81 3 5940 2780
info@tekuto.com
www.tekuto.com

Block Architecture
83a Geffrye Street, London E2 8HX, United Kingdom
T +44 (0)20 7729 9193
F: +44 (0)20 7729 9193
mail@blockarchitecture.com
www.blockarchitecture.com

Claesson Koivisto Rune
Sankt Paulsgatan 25, Stockholm 118-48, Sweden
T +46 8 644 5863
F: +46 8 644 5883
arkitektkontor@claesson-koivisto-rune.se
www.claesson-koivisto-rune.se

Edouard François
136 Rue Falguière, Paris 75015, France
T· +33 1 45 67 88 87
F: +33 1 45 67 51 45
agence@edouardfrancoise.com
www.edouardfrancoise.com

Erick van Egeraat Associated Architects
Calandstraat 23, Rotterdam 3016 CA, Netherlands
T: +31 (0)10 436 9686
F: +31 (0)10 436 9573
eea.nl@eea-architects.com
www.eea-architects.com

Eskew + Dumez + Ripple
365 Canal Street, Suite 3150, New Orleans, LA 70130, United States
T: +1 504 561 8686
www.studioedr.com

Factor Architecten
Geograaf 40, Duiven 6921 EW Netherlands
T +31 (0)26 38 44 460
F: +31 (0)26 38 44479
info@factorarchitecten.nl
www.factorarchitecten.nl

Jarmund/Vigsnæs Architects
Hausmannsgate 6, Oslo 0186, Norway
T· +47 22 99 4343
F: +47 22 99 4353
jva@jva.no
www.jva.no

Klein Dytham Architecture
Deluxe, 1-3-3 Azabu Juban, Minato-ku, Tokyo 106-0045, Japan
T +81 3 3505-5347
kda@klein-dytham.com
www.klein-dytham.com

Korteknie Stuhlmacher Architecten
Postbus 25012, Rotterdam 2001 HA, Netherlands
T· +31 (0)10 425 94 41
F: +31 (0)10 466 51 55
www.korteknlestuhlmacher.nl

Laboratory of Architecture
General Francisco Ramírez 5B, Col. Ampliación Daniel Garza 11840, Mexico
T· +52 (55) 2614 1060, ext. 109
www.laboratoryofarchitecture.com

Lake Flato Architects
311 3rd Street, Suite 200, San Antonio, TX 78205, United States
T: +1 210 227 3335
F: +1 210 224 9515
www.lakeflato.com

Masahiro Ikeda
201 Silhouette-Ohyamacho 1-20, Ohyama-cho, Shibuya, Tokyo 151-0065, Japan
T: +81 3 5738 5564
F: +81 3 5738 5565
info@miascoltd.net
www.miascoltd.net

Miha Kajzelj
Bratov Uãakar 66, Ljubljana 1000, Slovenia
T: +38 6 4151 9086
F: +38 6 1423 4446

Pugh + Scarpa
225 Michigan Ave. F1 Santa Monica, CA 90404, United States
T· +1 310 828 0226
www.pugh-scarpa.com

Rene Gonzalez
5582-4 Northeast 4 Court, Miami, FL 33137 United States
T· +1 305 762 5895
F· +1 305 762 5896
www.renegonzalezarchitect.com

Roldán + Berengué Arquitectos
Albareda 12 Bajos, Local B, Barcelona 08004, Spain
T +34 93 441 4399
F: +34 93 324 8085
roldan&berengue@coac.net

Sauerbruch Hutton Architects
Lehrter Strasse 57 Berlin 10557 Germany
T· +49 30 397 821 20
F· +49 30 397 821 30
pr@sauerbruchhutton.de
www.sauerbruchhutton.de

Studio Pali Fekete Architects
8609 E. Washington Blvd., Culver City CA 90232, United States
T: +1 310 558 0902
F: +1 310 558 0904
www.spfa.com

Steven Holl Architects
450 W 31st Street, 11th Floor New York, NY 10001 United States
T: +1 212 629 7262
F: +1 212 629 7312
mail@stevenholl.com
www.stevenholl.com